U0193470

吴军 著

智能时代

5G、IoT构建超级智能新机遇

[下卷]

中信出版集团 | 北京

第三篇

智能技术的挑战与机遇

既然人工智能的支柱是摩尔定律、大数据和数学模型，那么它的关键技术和未来的技术挑战也必然和这些领域相关联。大数据和人工智能还让一些人和机构获得了前所未有的调动资源和把控社会的能力，过分的资源集中也面临着隐含的巨大风险。如何约束这种能力，同时规避风险，在技术上给人类提出了挑战。

06

技术的挑战

大数据和传统的数据方法是不同的，使用好大数据对相应的技术提出了新的挑战。人工智能目前的成就主要来自大数据、硬件性能和算法（数学模型）的平衡。当数据量还在激增，摩尔定律快要遇到瓶颈时，便到了我们必须迎接挑战的时候。而当新的需求出现时，又会遇到原先想不到的技术挑战。

每一次技术革命除了有生产力发展需要，还要有很多技术准备，这些准备是技术革命发生的预先要求。只有当所有这些技术都成熟，预先要求都得到满足时，技术革命才可能出现。历史上虽然不乏“穿越时空”的人，比如达·芬奇和尼古拉·特斯拉，他们能设计出很多后世才用得到的东西，但是由于当时的市场没有准备好，配套的技术不成熟，他们的想法在那时只能算是空想而已。

以大数据为核心的智能革命也是如此，它之所以在今天这个时间点爆发，除了在商业上有了应用的可能性之外，也是因为很多相关技术已经成熟。在未来它要想进一步发展和普及，还需要解决很多技术上的瓶颈。在这一章，我们将系统地分析大数据和机器智能的技术基础、所面临的技术挑战，以及保障它们在未来不断发展必须具备的新技术。

技术的拐点

科学和技术的发展从来都不是匀速的，越是重大的科技突破，常常需要酝酿的时间就越长。在此之前的很长时间里，科学的发现和技术的进步在缓慢地进行中，这种量的积累常常不被人们关注，因为它们单独一项成就不足以打破现有的平衡。但是当这些量的积累到达一定程度之后，特别是某一项科技革命所需要的技术凑齐之后，新科技便在极短的时间内迸发出来，迅速从单点突破到全方位的进步，这便是拐点。

在历史上有很多关键性的拐点。比如 1666 年，牛顿发明了微积分，发现了力学三定律和万有引力定律，完成了光学分析，从此世界进入科学近代社会，因此这一年就被看成是科学史上的一个拐点。到了 1905 年，爱因斯坦完成了分子说，发现了光电效应，提出了狭义相对论，从此开启科学的现代社会，随后物理学的各个领域全面繁荣。1965 年，摩尔博士提出了摩尔定律，同时在工业界大规模出现集成电路，从此开始了持续半个世纪的信息产业高速发展。在这些拐点上，原有的平衡被迅速打破，人类从此进入一个新的时代。

机器智能的概念已经被提出来 60 多年了，今天在机器学习中使用最多的人工神经网络算法从它早期在计算机上实现算起，也有半个多世纪的历史了。但是真正的突破却是在今天，其中的原因除了机器学习算法本身经过不断的演进变得成熟了之外，数据的剧增和摩尔定律所带来的半导体集成电路的巨大进步，则是决定性的推动力。大数据本身引起科技行业的注意不过是 10 多年前的事情，但是它的增长却是爆炸式的。图 6–2 是 2011 年思科公司（Cisco）根据它自己，以及 Gartner（高德纳咨询公司）和 IDC（国际数据公司）的数据，对

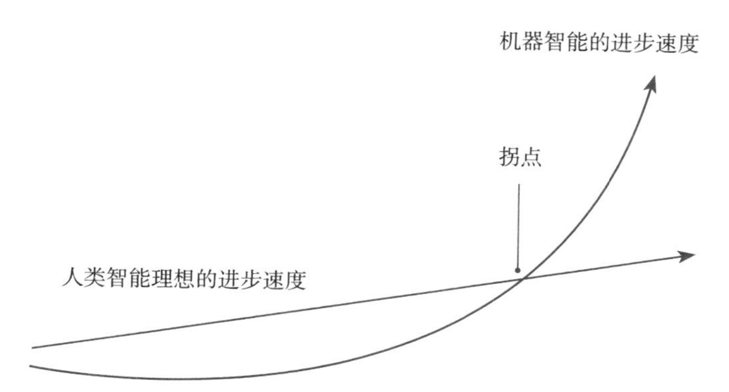

图 6–1 我们今天可能正处在机器智能将要超过人类的拐点上

全球互联网、硬件发展和企业数据量增长的估计。图中的起点是 2009 年，即移动互联网兴起的年代，终点是 2015 年（2009—2011 年是对历史数据的总结，再往后则是预测）。从图中可以看出，全世界企业级的数据在移动互联网出现后的 6 年间增长了大约 50 倍。虽然全世界全部数据的增长速度略低于企业级数据的增速，但这也是相当惊人的。2014—2017 年，人类收集到的数据超过从三年前开始倒推回 6 000 年前有文字记载以来全部数据的总和。当然，这么多数据的出现就要求计算机有能力处理它们。所幸的是，截至 2018 年，计算机单位能耗的计算能力比 1946 年人类发明计算机时提高了几十亿亿倍，比 2000 年也提高了几百倍。同时，能够在多台计算机上并行实现的深度学习算法，完成了人工智能技术飞跃的临门一脚。今天我们有幸身处人类文明的技术拐点。当人类再过一两个世纪回望今天时，他们会感叹这是人类文明史上的一个大时代，就如同我们今天谈论大航海时代和工业革命一样。

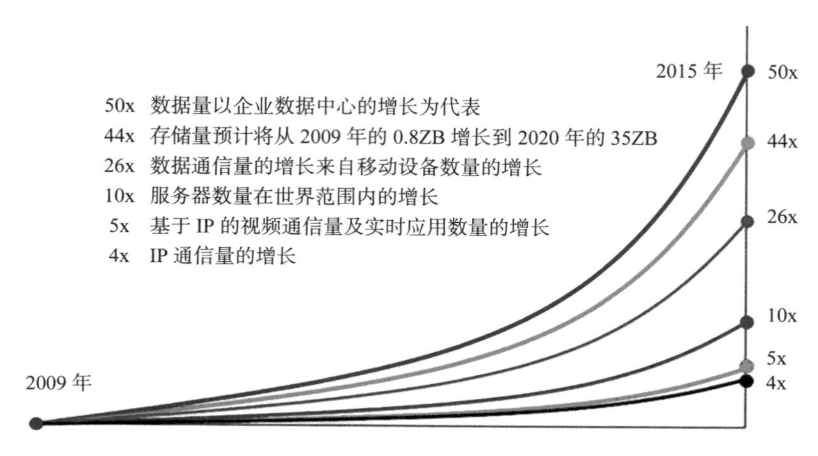

图 6–2 数据量的增长在所有的增长中是最快的

数据来源：Cisco VNL, 2011.6；Gartner, 2009 & 2001

要让计算机获得智能，或者说显得聪明，先要掌握和数据产生、存储、传输和处理等相关的技术。接下来我们就从这几个角度来分析一下大数据应用所必需的技术条件。

数据的产生

在过去的 20 年里，数据量的增长是惊人的，以至很多人在怀疑这是大数据的鼓吹者夸大其词。他们说："怎么过去没觉得有这么多数据，一夜之间全冒了出来？"事实上，很多数据是大家不在意时被收集的，比如各种传感器产生的数据，包括摄像头、可穿戴式设备、手机的 GPS（全球定位系统），以及各种采集声、光、热和运动的传感器等。这类数据总量之大远远超出常人想象，比如像北京和上海这样千万人口的大都市，摄像头的数量超过 10 万个，如果每个都是每周 7 天、每天 24 小时监控，每个城市产生的录像时长高达每分钟 1 700 小时以上，是视频网站 YouTube 的 6 倍左右。在过去，因为没有条件存储这么多视频记录，常常不存储或者只存一两天就删除，但是今天人们已经发现，它在城市管理中有着重要用途，比如，通过录像识别违章的车牌号，因此存储了大量的监控数据。当然，我们每一个人也是数据的产生者，我们每天在手机上的行为就是在不断产生数据。我们每天携带手机到处走，也在产生数据，苹果公司就可以把每一个苹果手机用户的出行路径记录得一清二楚。所有这些原因加起来，数据总量就陡然增长了，于是大家就感觉它们好像是一夜之间从地下冒出来的。

为了便于大家理解如此之多、如此纷乱复杂的数据，我们从今天大数据的来源上将它们分为三种：第一种是世界上原本就有的数据，只是我们过去没有记录，今天记录下来了；第二种是我们过去已经通过某种方式记录下来的，却没有数字化，因此计算机处理不了，今天我们将它们数字化，于是可以处理和利用它们了；第三种，也是最后一种，则是由于技术进步特别是计算机的进步而产生出来的新数据。

先说说第一种数据。当我们走过一条街道时，我们未必会留意街上所有的信息，但是那些信息却真实地存在。但是，如果我们使用了谷歌眼镜，情形就不同了，它可以把我们身边发生的事情都记录下来，即使我们当时没有留意。图 6–3 是在网络上流传很广的一张照片，它是戴着谷歌眼镜行走在华盛顿特区国家广场（Mall）附近时收集到的信息。在照片上，各种真实存在的，但你很少注意到的信息，都被记录了下来，比如当地的油价、餐馆的位置、景点（注意远处的国会山）等。此外，它还利用大数据多维度的特征，将很多其他数据源找到的数据都补充上了，比如那家餐馆在 Yelp（相当于中国的大众点评）的得分，不远处某个地方前段时间发生过抢劫案，等等。

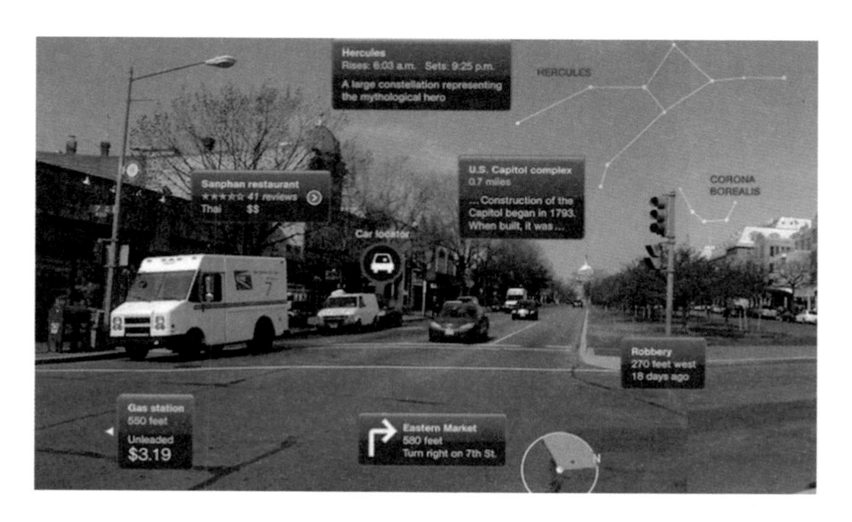

图 6–3 谷歌眼镜记录并收集的信息

2013 年，拉里·佩奇有一次突发奇想：如果让谷歌眼镜把人一辈子经历过的事情都记录下来，那将是多么有意义的事情。我们算了一下，以当时存储器的价格，一个人不到 2 万美元就够了。我相信佩奇这个想法将来肯定会实现。如果我们每个人都把自己的经历保存下来，所保留的信息可比日记丰富多了。这样我们的大脑就可以留下更多的空间面对当下，展望未来。如果真的想回顾自己的过去，看到当时每一个场景，也会用一种完全崭新的角度去审视自己的过去。人的这些过往信息早就存在了，只是在今天的技术条件下才有可能保存下来。

第二种数据是那些过去以非数字化的形式保存下来的，这些数据包括各种语音、图片、设计图纸、视频、档案、古稀图书和医学影像等。这些数据在很多传统的企业和机构里特别多，由于积累的时间很长，因此数量巨大。据约翰·霍普金斯大学生物医学工程系前主任埃利奥特·麦克维（Elliot McVeigh）教授介绍说，2010 年时，全美国病例档案的文件规模比互联网上（非重复）的网页数量高出一个数量级。当然，在过去的几年里互联网上的内容增加很快，很难说今天病历的数据量是否依然能超过互联网，但至少说明它的规模很大。

第三种数据是由于计算机或者类似设备的使用新创造出来的。

全球数字化让几乎每一个使用电的设备都有了一个“电脑”，这些电脑或者设备中内置的处理器、传感器和控制器一直在产生数据，比如记录设备状态的日志（log）。在过去，很多数据并不会被记录下来，比如，电话交换机除了记录少量的设备运行状态之外，并不记录来往通话的控制信息，包括打电话的时间、双方的电话号码、通话时长等，但是当人们发现这些数据有价值之后，由计算机控制的程控交换机很容易把这些细节都记录下来，这就产生了很多和电信相关的数据。另外，由于企业级的 IT 系统和软件越来越复杂，它们的设计者不得不记录更多的细节，以便在发生异常时能够跟踪找到问题所在。

在谷歌，工程师在编写程序时，每隔几行代码就要插入一句记录状态的日志语句，以便今后查找错误、完善程序和进行数据分析。

传感器的快速发展和普及也导致了这类数据的大量涌现。我们在前一章中提到，无源的 RFID 就是一种帮助收集数据的工具（见图 6–4）。RFID 没有电源，为什么能够工作并且存储信息呢？原来这种芯片外有一个回形天线（线圈），它能够接收阅读器发出的不断变化的电磁波（无线电波）。根据电磁感应原理，那些变化的电磁波会在回形天线中产生微小的电流，让芯片工作，实现芯片里面信息的读取。这种 RFID 非常便宜，零售价也不过 2 美分一片。将它装到各种物品上，就可以自动识别物品，进而跟踪物品流动。由于它的体积可以做得非常小，可以被植入生物体内，用以跟踪它们的活动。

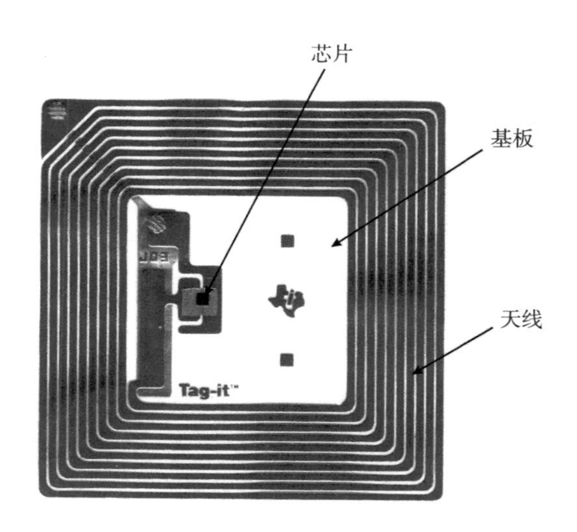

图 6–4　RFID 芯片

RFID 的用途非常广泛，将它贴到商品上，当该商品通过一个 RFID 阅读器时，阅读器就知道该商品经过。今天的各种无人超市识别每一种商品主要的办法就是靠这个藏在商品包装里的 RFID 芯片。从理论上讲，未来顾客只要将装满货物的推车推出安装了 RFID 阅读器的通道，所购买的商品就会被一一计价结算，然后再通过移动互联网将购货金额发送到购买者的手机上。经过购买者确认后，直接手机付款就完成了购买行为。这样整个商场只需要几个保安确认购买者守秩序即可。

除了用于零售业结算，RFID 今天还有很多应用场景，比如用于证件和门禁，商品的防伪和货物的跟踪，等等。我们过去使用的胸牌和酒店的门卡常常是磁卡，但磁卡容易磨损，容易被消磁；今天使用

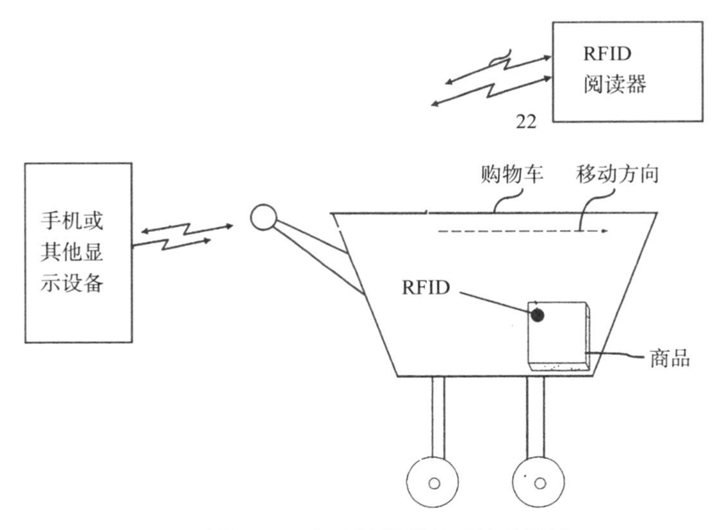

图 6–5 采用 RFID 自动计价付款系统的设计

的大多是里面有 RFID 的卡片，门口的识别器其实就是一个 RFID 阅读器。在一些高档服装的标签里也藏有 RFID，一方面可以防盗，另一方面也可以了解顾客试衣服的情况。我们在本书的第一版中介绍了奢侈品牌普拉达（Prada）利用这种方式了解用户对服装的喜好倾向，并且通过获得的数据提升了销售。故事到这里并没有结束，后来出于对保护用户隐私的考虑，普拉达停掉了这种收集数据的方法。但是这件事至少说明，通过 RFID 跟踪商品的流动是完全可行的。此外，利用 RFID 还可以溯源产品的制造和流通过程，其最有用的应用是甄别假货，这一点我们在后面介绍。

类似于 RFID 这样用于跟踪的传感器很多，比如可穿戴式设备中，一个核心的传感器是感知加速度的芯片，它可以根据加速度的积分算出速度，然后根据速度就可以算出位置的变化，这样就可以追踪人的活动和人身体的各种运动了。当然，它们也就产生了各种数据。我们在后面讲到万物互联时会讲到更多的传感器以及它们所产生的各种不同数据。总归一句话，传感器的普遍使用是产生大数据的一个重要原因。

最后要说一下在互联网时代由用户，特别是个人产生的数据，它们通常被称为 UGC 数据，即用户所产生内容的数据。对于用户产生的数据，大家可能并不陌生，因为我们每一个人都是这些数据的制造者。我在《浪潮之巅》中讲过，互联网 2.0 的特点，其本质是一个互联网平台，而上面的文字、图片、视频和各种其他信息都是由用户提供的。UGC 数据的增长速度是惊人的。在图片共享网站 Pinterest 中，每天有近亿张图片被上传，当然用户也会修改和删除部分照片，到目前 Pinterest 里有 500 亿张照片。在谷歌旗下的 YouTube 网站，数据量更是大得惊人，每分钟有 300 小时的视频被上传到 YouTube。至于互联网用户每天在社交网络上的聊天和互动所产生的内容就更多了。图 6–6 是思科公司对 2010—2015 年各类数据增长的估计，其中增长最快的是传感器带来的数据和用户产生的数据。

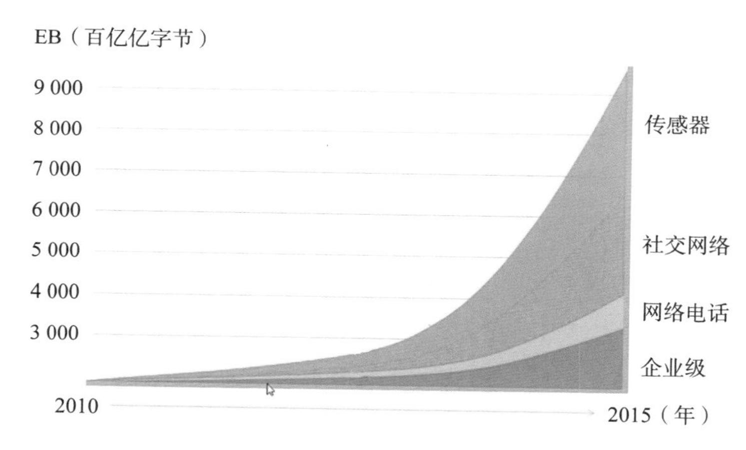

图 6–6　不同类型数据的增长

我们了解了数据的来源，就要面临第二个问题了，即如何高效地存储这些数据。

数据的存储

由于摩尔定律导致各种存储器的容量成倍增加，同时价格迅速下降，使得原本不得不丢弃的一些数据现在有条件存起来以供使用。比如，在谷歌提供 Gmail 邮件服务之前，企业级用户的电子邮箱容量有限，公司雇员不得不经常删除邮件，但是在谷歌宣布提供无容量限制的邮箱服务后，各个电子邮件提供商不得不采用同样的策略以维持用户，公司里每个人的邮箱容量在不到 10 年的时间里涨了 3 个数量级，从几百兆（~100MB）上升到几千万兆（~100GB）。邮箱里的数据实际上只是企业级数据中很小的一部分，在企业级的软件和服务中，大量的中间数据被保存下来。各种互联网企业所提供的服务，一般都会记录详细的日志数据，比如任何一个合格的电子商务公司都会记录下交易的详情，而搜索引擎会记录每一次搜索非常详尽的信息，比如搜索从哪里来，发生在哪一天的几点几分，搜索的关键词是什么，用户点击了哪些结果（或者广告），每一条结果看了几分钟，等等。这些信息对改进产品非常有用。

只是存储的容量上去还不够，因为随着数据量剧增，查找和使用数据的时间会变得相当长，因此存储设备的读写速度也必须随着容量的增加而大幅度提高。早期海量存储设备采用的是顺序访问数据的磁带，因此大数据的使用显然是不可能的，人们连存储数据的兴趣都不大。20 年前，硬磁盘取代了磁带成为海量存储设备，数据访问的时间缩短到原来的大约 1/1 000，这时批处理数据不再是问题，人们开始重视收集和存储数据。但是随机存储和访问数据依然很缓慢，而且由于硬盘的速度取决于机械运动，不可能大幅度提高，因此数据的使用受到限制。直到大约 10 年前，半导体固态存储器

（solid state drives，简称 SSD）的容量增加、成本下降，才使得人们能够很方便地使用数据。从存储技术上讲，这时使用大数据的时机才成熟。

在能够产生大量的数据，也能够存储这些数据之后，还有一个问题必须解决，那就是这些数据怎样才能从采集端传到存储设备上，这就要求数据传输技术有所突破了。

数据的传输

由于数据的来源和采集点分布在不同的地点，可能是许多不同的设备，也可能在每个人身上、各个物件上面。在互联网发展的早期阶段，人们还考虑不到把这些东西通过互联网连接起来，那时互联网首先要解决的是把当时已有的计算机连接到一起。在那样的通信环境里，即便产生了大量的数据，也收集不到一起，因此人们不会去考虑大数据的问题。

到了移动互联网时代，这个情况发生了根本性的改变。相比 10 年前第二代移动通信系统 GSM（全球移动通信系统）只有不超过每秒 100KB（千字节）的数据传输率，今天的第四代 LTE（通用移动通信技术的长期演进）的有效数据传输率达到每秒 2MB~10MB（兆字节），增长了几十到上百倍。同时，Wi-Fi 在主要城市的覆盖率已经非常高，蓝牙也成为很多设备的标准配置，这才使得数据在产生后可以迅速传到服务器上。

虽然在 4G 时代从理论上满足今天移动通信的需求已经没有问题了，但是在很多设备都需要上网时，它就力不从心了。2018 年我在杭州参加中国计算机大会，参会者近万，在会场上无论是 4G 还是 Wi-Fi 都不大管用。你如果拍一张照片想在朋友圈中分享，那么能否分享成功，全靠运气。这一方面是因为总的网速还不够快，另一方面是当很多人要同时和基站通信时，基站就成了瓶颈。4G 的基站覆盖半径大约 1.5 千米（基站之间的距离通常在 2~3 千米），通常基站方圆一千米范围内的人不会同时上网，因此分给每个上网人的带宽是够用的。但是当大家同时要发照片时，总的传输率超过了信道的总带宽，根据香农第二定律，出错率就是 100%，于是大家都无法传递信息。公平地讲，今天的 4G 在绝大多数时候能够满足我们上网，也能够适应今天大数据应用的需求。但是在未来我们有很多智能设备要上网时，它就不够用了，就会出现像前面说的那种“会场拥堵”的问题。在这样的大背景下，5G 移动通信网络的建立就变得有市场需求了。当然，网速的增加会进一步促进数据的产生。

数据的处理

当我们收集到海量的数据之后，能否用得好就要看是否有足够强大的数据处理能力了，更重要的是，能否从看似无关的数据中找到有用的信息。数据处理的速度和数据挖掘的技术，是大数据能够服务于产业的先决技术条件。关于大数据挖掘，我们放到后面介绍深度学习时讲，这里先说说和数据处理能力相关的技术。

虽然计算机处理器的速度可以按照摩尔定律规定的速度每 18 个月翻一番，但是仅仅靠单一处理器性能的提升依然无法应对增长更快的数据量。这不仅是因为数据量太大，单机处理不了，而且因为当数据量提高一万倍时，计算量通常不是线性增加的，大部分情况下，它会增加几十万倍乃至上亿倍。虽然有少量的超级计算机有能力处理这样海量的数据，但是这些计算机价格动辄上亿美元，远不是一般公司和机构可以用得起的。

因此，应用大数据的一个前提就是能够将一个大的计算任务分到很多台便宜的服务器上去做并行计算。单一维度数据的处理不是一件难事，但是大数据有多维度的特点，有时并行化非常困难。没有相应的软件支持，很难将一个复杂的大问题拆成很多小问题分配到多台服务器上去做并行计算。并行计算的另一个必要技术条件是交换机和网络速度得非常快，否则网络就成为计算的瓶颈，服务器的处理器使用效率会非常低。事实上，市面上能够买到的最快的交换机可能也达不到无传输障碍地做海量并行计算的要求。为了提高服务器之间通信的速度，谷歌需要自己设计最快的交换机。

上述计算问题直到 2002 年之后才被谷歌等公司陆续解决，也正是在那个时期，云计算开始兴起。互联网、廉价服务器，以及比较成熟的并行计算工具，实现了大规模并行计算，大数据的处理才成为可能。

上述技术最初是谷歌、亚马逊和雅虎等公司为自己的产品需求所设计的，但是很快它们发现，可以把这种廉价的计算能力“卖给”第三方使用。于是在 2006 年、2007 年之后，它们开始向外提供云计算服务，这才使得大数据出现井喷式的爆发。今天大数据的应用水平依然处在初级阶段，在机器智能方面人类更是刚刚起步，未来大数据和机器智能的发展前景非常广阔，但是这需要在工程技术上有进一步的突破。

今天的人工智能应用水平实际上是对计算机科学、电机工程、通信、应用数学和认知科学发展的综合考量，而不是一项单一的技术。接下来，我们选择一些关键技术进行一一介绍。这些技术难题目前并不一定有最佳的解决方案，甚至不存在什么绝对好的解决办法，但是这些问题必须得到解决才能保证大数据的普及应用。

数据的收集和选取

按照信息论的观点，要消除不确定性就需要信息，因此信息的收集非常关键。大数据与传统的数据统计方法相比，在收集数据方面有很大的不同。

首先，传统的数据方法常常是先有一个目的，然后按照目的收集数据。比如，人们在发现天王星之后，发现它的运动轨迹和牛顿力学预测出来的不一样，于是预测在天王星之外应该有一个质量较大的行星干扰它的轨迹。根据这个设想，天文学家拍了很多星空的照片，想看看有没有一颗位置在移动的未知的星星，后来找到了，这就是海王星。

上述方法人类已经使用了上千年，看似合情合理，却有一个漏洞，就是容易先入为主地去寻找那些切合主观假象的数据。很多经济学家和我讲，在经济学上几乎任何理论想要被证实总能找到数据支持。也正是因为这个原因，在同一时间点，两个经济学家会对经济形势有截然相反的看法，而且都有合情合理的证据。

在大数据时代，上述问题在一定程度上可以避免，因为数据的产生和收集是在预先设定目标之前，经过分析后，能够得到什么结论就是什么结论。正是因为在收集数据时没有前提和假设，大数据分析才能给我们带来很多预想不到的惊喜，也才使大家觉得计算机变得很聪明了。

其次，在获取数据方面，大数据和传统的统计方法另一个不同点在于，过去我们是通过少量的采样获得所谓具有代表性的数据，这些数据被称为样本；而大数据则强调收集数据的全集。

如果单纯从成本上考虑，根据统计学的原理，只要样本具有代表性，通过分析这些少量的样本数据，就可以总结出规律性，这样在成本上很合算。在过去的几个世纪里，科学家就是这么做的。直到今天，大学的概率论和数理统计的课程还要讲授这方面的内容。不过，抽样的做法永远难以覆盖小概率事件，甚至会因为样本数不足，把特定的情况当成普遍规律。在历史上，亚里士多德曾经给出一个看似很荒谬的结论——“男人的牙齿比女人多”，一些人认为他可能是拍脑子想象出来的。不过作为格物致知的先行者，亚里士多德并非一个说话没有根据的人，他或许是数了几个男人和几个女人的牙齿，恰巧那几个男人的智齿长了出来，而那几个女人的智齿埋在牙龈中，于是他得出了“男人的牙齿比女人多”的结论。这说明，我们从有限经验得到的结论常常不可靠。

当然，可能会有读者朋友质疑我对亚里士多德的分析本身就是一种猜测，不能说明人类无法获得具有代表性的数据。但真实世界的情况是，获得足够量的具有代表性的数据远比我们想象的要难得多。回到前面讲到过的电视收视率统计，对于收视率较高的几个电视节目，统计结果一般是比较准确的，因为即使有噪声，由于统计的数据量大，真实的信息也还是能从噪声中浮现出来的。但是对于那些收视率较低的节目，统计的结果和真实情况相差一两倍，甚至好几倍都是很正常的事情。在谷歌，我们也发现了类似的现象。我们过去一直采用1% 的流量预测用户在搜索某个关键词时所点击的搜索结果，对于常见搜索，这个准确率非常高。但是对于不常见的关键词组合，或者说长尾搜索，搜索结果的概率分布与真实情况相差一两倍是很常见的，甚至有时会相差一个数量级。

当然有人可能会问：你为什么那么较真，对于那些一天搜索不了几次的关键词，点击数据的准确性差一两倍又有何妨？在大部分情况下，传统统计方法得到的结果也不过 3%~5% 的误差，这是可以接受的。但是，在商业上对这些细节进行准确了解真的很重要，谷歌和必应在搜索质量上的一点点差异就体现在这些细节上，结果双方的市场份额差出了好几倍。

大数据则不同于过去抽样选取数据的方法，它常常以全集作为样本集。这样的好处显而易见，比如，我们通过电视机的机顶盒所记录的每一家观众的收视情况，就能完全准确地了解各个电视节目的收视率。此外，我们还能得知所插播的广告效果；如果进一步分析，还能够知道每一个观众的特点。由于这种数据的采集没有事先的目的性，它所得到的结论也会客观得多。但是怎样收集到全集，本身就是一件很有挑战的事情，因为只有机顶盒、电视机等设备的制造商，以及有线（或者卫星）电视的运营商能够得到上述数据，他们是否愿意把这些数据分享出来，就是一个大问题。今天电视台或者节目的制作方常常会要求运营商共享数据，而后者常常会找借口拒绝提供原始数据，于是这就成为当下商业合作谈判的一个重要内容。因此，数据的收集对大部分企业来讲可以说是一个看似简单的难题。而智能时代的商业合作不仅会涉及钱，还会涉及数据，这一点常常被忽略。如果谁能够将数据的重要性和钱看得一样高，谁就掌握了主动权，只是直到今天人们还是更看重钱一些。

聪明的公司会想尽办法间接地收集数据，然后再利用数据的相关性得到自己想要的信息。但是这条路的成本常常很高。我们在前面讲到，谷歌为了解每一个家庭的具体情况，做过很多次努力都失败了，最后它斥巨资收购了 Nest，以及随后又收购了 Dropcam，然后经过自己的改造和几年的市场推广，谷歌家庭才获得成功。从 2018 年第四季度起，谷歌家庭智能音箱已经连续三个季度销量超过了亚马逊，成为最畅销的家庭智能中心。有了它，谷歌可以跟踪家里人的活动情况，了解他们的生活习惯。

谷歌是一家非常注重数据的企业，它的很多产品策略都是先收集数据，再开发产品，而不是产品上线后，再去想办法改进数据收集。谷歌为了推出它基于手机的语音识别系统谷歌语音（Google Voice），需要大量的语音数据。在过去，各家语音识别公司和实验室都是找人录入数据，比如美国标准的电话语音库 Switchboard 就是这么构造的。谷歌的方法则不同，它为了收集数据，先推出了一个类似玩具的电话语音识别系统 Google-411（识别率相比后来真正的谷歌语音是非常低的），很多人出于实验和玩儿的目的打这个电话，这样就在无意中为谷歌提供了大量的电话录音。在此基础之上，谷歌后来的语音识别产品做得很成功。

今天所有的企业对钱的态度都是一致的，但是对数据重要性的认识却相差甚远。一方面，微软、苹果和谷歌这些 IT 公司，由于过去只是通过网络连接用户，并不了解用户真实的生活，缺乏这方面的数据，于是它们为此是千方百计地想得到相应的数据，比如通过家庭智能音箱、游戏机等各种手段，收集生活数据。另一方面，一些过去服务于大量顾客的企业，坐拥很多有价值的数据，却拿着金饭碗在要饭。这其实反映出两种类型的公司在方法论上的差异。

数据的收集是一个开放性话题，不存在唯一的、最佳的方法。但是好的方法一定能够保证数据的完整性（完备性）和一致性。关于完整性，我们不妨看一则经济学家马光远先生讲的故事。

2008 年夏，中国经济领域自认为潜在的风险是热钱的涌入，只要翻翻当时的报纸就能看到媒体天天在谈防止热钱涌入这件事。但是，经济学家马光远无意中从银行业务员接听的电话中了解到，客户们都是要换外汇把钱转移走，这和媒体上的说法完全相反。事实证明，电话一端的基层业务员的信息是正确的，媒体反而错了。为什么会是这样的结果呢？其实媒体上的说法并非完全拍脑袋想的，也是找专家谈出来的。但是，专家在媒体上讲话通常是有所保留的，一般不会冒险，像防止热钱这类的话在任何时候讲都是安全的。这样一来，媒体上的结论看似有数据支持，但这样的数据并不完整，因为它全面漏掉了个人真实的操作数据。

接下来再说说数据的一致性。2013 年和 2018 年，皮尤（Pew）研究中心做了两次美国民众关于进化论的调查。2013 年的那一次说，美国 33% 的成年人不相信人在进化，2018 年这个比例变成了 18%，仅仅 5 年，数据发生如此大的变化，就证明缺乏一致性了。究其原因，这两次调查对很多概念的定义非常含混，而且问题设计得极具误导性。虽然皮尤研究中心在历史上做过一些比较公正的民意调查，但是具体到这两次调查却做得极为马虎，它的问卷显然预设了美国人有多么的无知和“反智”。其实，如果美国人真的这么无知，卫星上不了天，潜艇也下不了海。这两份皮尤调查报告看似有数据支持，其实有意无意地在玩数字游戏，他们可能自己都忘了几年前他们给出的结论和后来相差巨大。

数据的不一致性，是今天大数据应用中一个很难解决的问题，因为这和数据中混入了一点噪声的情况还不一样。后者常常可以通过一些自动过滤噪声的办法提高信噪比，减少噪声的影响，而前者通常只能依靠人工滤除噪声，成本很高不说，有时还会在过滤掉一些噪声的同时引入新的主观噪声。在前面提到的 AlphaGo 的案例中，开发团队发现使用“妙手”和“臭棋”相混杂的数据，反而效果不好。而围棋棋谱中的噪声根本无法去除，因为无法请来很多高手鉴别每一手棋，甚至人类最好的棋手对好棋、坏棋的看法也不一致。因此，AlphaGo 后来只好舍弃掉人类选手对弈的数据，它的水平反而提高了。

因此，如果我们通过数据得到的结论不一致，就要检查一下数据收集的过程是否有问题了。在很多情况下，那些信噪比低的数据宁可舍弃不用。

在保证了完整性和一致性之后，我们当然还希望信息的信噪比稍微高一点。信息中混有噪声是在所难免的，从信息论的角度看，如果数据量足够大，我们还是能够从这些质量不高的数据中把有用信息提取出来的，但是这样做的成本太高。我举一个生活中的例子，你就明白了。

我们在复习考试时，如果做的练习题和所学的内容，甚至和将来考试的内容相一致，效果就好，这说明复习时练习题的信噪比很高。如果做了很多杂七杂八，十道题里面最多一两道和考试有关，其他完全不相干，那就是浪费时间。当然，如果我们有非常多的时间，做的题非常多，这种方法或许也管用，那些靠题海战术复习考试的人就是这么做的。机器学习也是一样，如果训练数据比较干净，即反映出我们要找的统计规律，那么学习的效果就好；反之，如果混有大量的噪声，学习效果就差；如果全是噪声，没有信息量，学习就没有效果。

信噪比低和缺乏完整性、一致性还不是一回事。我们还用上面的例子加以说明。所谓缺乏完整性，就是物理老师讲了 10 章的内容，你只根据自己的喜好复习了 1 章，然后认为这一章就是全部物理学的内容了。所谓缺乏一致性，就是所学内容相互矛盾，一会儿说水比油重，一会儿说油比水重，这两种情况无论哪一种发生，下多大的功夫，考试都不会及格。

综上所述，数据收集看似简单，但是里面有很多隐藏的障碍，而且成本可能远比想象的高。真正高明的想利用数据进步的公司会投入物力、财力全面不断地收集数据，而且在收集数据时特别要注意不能有主观因素加入。在收集数据时，如果无法保证信噪比，至少要保证一致性和完整性。

数据的压缩和表示

摩尔定律固然使存储的成本大幅下降，但是当大数据出现后，数据量增长的速度已经超过摩尔定律增长的速度。我们在前面讲到，今天产生出的数据量太大。以谷歌的街景地图为例，用于扫街的汽车每辆车每天产生的数据就是 1TB（见图 6–7），假如一份数据存三个拷贝，一年下来就是 1PB，也就是 1 000TB。即使用当今最大容量的 10TB 硬盘来存，也需要用 100 个。

图 6–7　谷歌拍摄街景的汽车的摄像设备为 15 个 500 万像素的照相机

从中我们可以看出，数据量增长的速度是快过存储设备发展速度的，越往后，它们之间的差距越大。因此，不能简单地依靠更多地生产和购买设备来解决数据存储的问题，而是需要技术解决方案来提高存储的效率，保证不断产生出来的数据都能够存得下。

目前和大数据存储相关的技术体现在两个方面。第一类技术是尽可能地用更小的空间存储更多的数据。当然，这并不是简单的数据压缩，因为有效的数据压缩方法已经被用到所有能用的地方了。今天有效节约存储空间的办法就是从信息论的角度出发，尽可能地去除冗余信息。比如，我们发邮件常常发给很多人，每一个人都收到一份，这就是巨大的冗余。但实际上同样的邮件即使发给不同人，保留一份就可以了，特别是那些巨大的邮件附件。当然这会要求邮件中文件管理系统做出相应的改变。再比如，图像的存储由点阵变成向量，也可以大大节省空间，但是这样就要改变图像的读写方式。此外利用信息的相关性，可以只存储差异化的信息，比如高清的电视节目就是这样存储的。

第二类技术涉及数据安全，既要保证数据不丢失、不损坏，还不能太浪费空间。在过去，防止数据不丢失的最简单办法就是多存几个备份，放到不同的地点。比如，过去 AT&T（美国电话电报公司）关于业务的数据就在美国三个不同地区存三个完整的备份。但是大数据都是存在云端，而且数据量大，不可能在世界各地存非常多个备份，因此需要有特殊的方式保证数据的安全性。谷歌的文件系统 GFS 的设计从一开始就是为了方便存储大数据而开发的。早期 GFS 中的每个文件在一个数据中心需要存 3 个备份，然后同时存放在地理上相距较远的 3 个数据中心，这样就是 9 个备份。虽然数据安全了，但是显然并不经济。后来改进成存 3+1 个备份，前 3 个内容相同，最后一个是为了方便校验和恢复信息，内容不同，这样只需要存 4 个备份即可，大大节省了存储空间。

信息存储相关技术并不局限在研究如何节省存储量上，还需要研究怎样存储信息才能便于使用。在大数据之前，人们在设计文件系统和数据存储格式时，主要考虑的是规模较小、维度较少的结构化数据。大数据时代不仅数据量和维度剧增，而且大数据在形式上并不遵循什么固定的格式。过去需要重新优化数据的格式，按照过去的数据特点优化设计的文件系统对大数据的使用未必是高效率的，因此需要重新设计通用、有效和便捷的数据表示方式和存储方式。

我们不妨通过一个例子来说明大数据的存储和过去数据的不同。大数据由于量大，随机访问就成为一个难题。为了做到这一点，需要对数据建立索引，而过去数据量不大时，索引实际上并非必需的。建立索引对于有些数据并非难事，比如机器系统产生的日志和互联网的网页数据。前者虽然量大，但是每一条记录中字段是清晰的，它们的表示（描述）、检索和随机访问并不是什么大问题。网页的数据虽然显得杂乱一些，但是它们都是通过超链接文本组织起来的，从一个网页就可以找到下一个，而且网页文本的颗粒度都很小（是单词），因此我们很容易通过关键词把它们索引起来。但是到了富媒体数据大量出现时，要想随机访问它们就不那么容易了。比如，要想从视频中找出一个画面就非常复杂，因为我们即使找到了视频每一个主帧（main frame），也很难根据那些画面对所有的视频建立索引。当数据量更大，尤其颗粒度更大之后，这就是一个非常难的技术问题了。比如，对很多与医疗相关的数据的随机访问就不是那么容易，它们的基本单元动不动就是几百兆、上千兆，用现有的技术来检索它们是不可能的。不检索就无法随机访问，那么使用时在这么大量的数据中找到所需要的信息，耗时特别长，很不实用。除了医疗，还有很多行业，比如半导体设计、飞机设计制造，它们的数据量都很大，而且很复杂。

大数据存储面临的另一个技术难题就是如何标准化数据格式，以便共享。在过去，各个公司都有自己的数据格式，它们只在自己的领域使用自己的数据。但是，到了大数据时代，我们希望通过数据之间的相关性，尤其是大数据多维度的特性，找到各种事物之间的关联。

回到第二章百度知道的那个例子，如果我们能够往前再走几步，将每一个用户的饮食习惯收集起来，通过可穿戴式设备了解他们的生活习惯，然后再和他们的医疗数据甚至是基因数据联系起来，就能研究出不同人、不同生活习惯下各种疾病的发病可能性，并且可以建议他们改进饮食习惯，预防疾病。这个前景看起来很美好，但是要实现它就必须先解决数据的表示、检索和随机访问等问题。显然，对于世界上各种各样的大数据，无法用一个统一的格式来描述，但是大家需要一些标准的格式，以便相互交换数据和使用数据。最早进入大数据领域的谷歌公司设计了一种被称为 Protocol Buffer 的数据格式。在谷歌内部，Protocol Buffer 是数据存储的主要格式，也是它所开发的各种软件在进行数据通信时的标准接口。今天，谷歌已经将 Protocol Buffer 开源出来供大家使用，旨在便于全世界能够共享数据。

大数据的应用方法和场景与过去使用数据完全不同，这不仅带来了上面所说的在数据存储和表示方面的挑战，也带来了数据处理的挑战，而这些挑战并非简单增加处理器就能够解决的。

并行计算和实时处理

大数据由于体量大、维度多，处理起来计算量巨大，因此它的使用效率取决于并行计算的水平。比如，谷歌的 MapReduce（编程模型）和雅虎的 Hadoop（海杜普）等工具，都能够把相当一部分大型计算任务拆成若干小任务，然后在很多并行的服务器上运算。这确实给大数据处理带来了福音，但是并没有完全解决计算瓶颈的问题。在一般人的想象中，增加 100 倍的处理器，可以同样成倍地节省时间，但是在工程上这是做不到的。

首先，任何一个问题总有一部分计算是无法并行的，这类计算占比越大，并行处理的效率越低。在计算机科学中，通常用可并行比例（parallel portion）来度量在一个任务中有多少是可以并行计算的，有多少不能。图 6–8 给出了在不同的可并行比例下，并行计算处理器的数量和实际加速（speed up）之间的关系。从图中可以看出，如果在一个任务中能够并行处理的比例越高，实际的加速就越多，但是即便

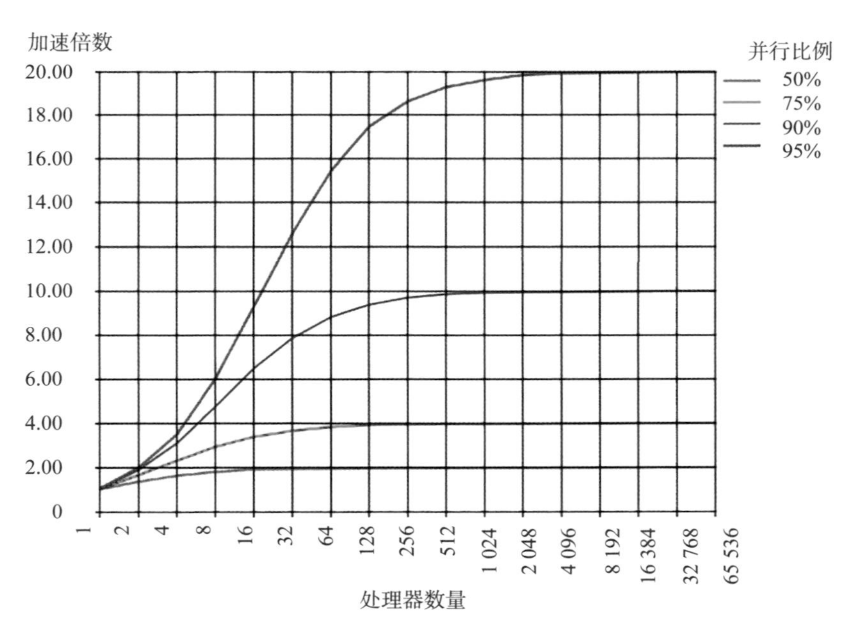

图 6–8　在不同的可并行比例下，增加处理器数量和实际加速的关系曲线

只有 5% 的计算不能并行，那么无论使用多少台服务器，实际的加速也不会超过 20 倍。

另一个影响并行计算效率的因素在于无法保证每个小任务的计算量是相同的。例如，我们要进行 1 000 000 × 1 000 000 的大矩阵计算，一台服务器显然难以完成这样的任务，因此我们使用 MapReduce 或者 Hadoop 在 1 万台服务器上进行并行计算。我们通常会把这个大矩阵按照行或者列分成 1 万份，每份 100 行（列），每个服务器上分 1 份。虽然一个服务器上的任务看上去都是计算 100 行（列），但是这些小任务的计算量未必均衡，其中一个是另外一个的两三倍是一件很常见的事情。这样一来，并行计算的效率就大打折扣——完成了自己计算任务的服务器，在等待个别尚未完成计算的服务器。最终的计算速度取决于最后完成的子任务。如果考虑到一些子任务会因为系统不稳定出现计算错误需要重新计算，并行计算的效率还会进一步降低。因此，并行计算的时间远远做不到和服务器数量成反比。事实上，使用的处理器越多，并行计算的效率越低。

其次，大数据处理的另一个挑战是对实时性的要求。一些看似简单的操作一到大数据头上就特别费时间。比如，过去用 Excel（数据处理软件）在几万行数据中找到最大值只要一两秒钟的时间，排个序所需要的时间也不过十几秒钟。但是在一个几千万行的电商销售日志中要找到销量最好的商品，或者将商品按照销量排序，即使采用上千倍的处理器，也不可能在几秒或者几十秒内完成。这里面的原因除了我们前面提到的并非所有计算都可以并行化之外，还因为早期的大数据都是存储在硬盘上的，而且并行计算工具（比如 MapReduce 或者 Hadoop）都是批处理形式的。通常，上述操作的处理时间至少要几十分钟，这对离线的数据分析可能不是一个大问题，但是如果公司主管想实时了解经营情况，这个等待时间就无法忍受了。

要解决实时处理大数据的问题，就需要从根本上改变系统设计和算法，而不是增加机器那么简单。事实上，对任何大数据问题都做到实时处理是不可能的，但是对于很多特定问题，比如对于日志等结构化或者半结构化数据，还是有可能的。比如，谷歌为了解决上述问题，专门设计了一个被称为 Dremel 的工具。它专门针对日志、数据库等大数据，解决实时访问和简单的数据处理问题。与传统的文件系统或者数据库不同的是，它的文件是基于内存而不是硬盘的，而且在数据的存放上和传统数据库系统不同。Dremel 采用以数据列为优先的方式存储，而传统的数据库系统是以行为优先方式存储的。Dremel 这样的特殊设计是为了方便多维度数据按照某个特定维度进行处理和数据挖掘。当然，类似 Dremel 的工具还有很多，通过它我们只是想说明针对大数据的实时处理需要开发很多新的工具，而不是简单地把过去的工具并行化就可以。

机器学习的解释和评估

如果我们从收集数据开始，对机器学习的全过程进行一个总结，它大致包括这样 5 个步骤：

- 数据的收集和挑选（当然，如果数据本身是完整的，则不需要挑选）。
- 数据的预处理（包括提高信噪比）。
- 数据的变换（变成计算机能够处理的形式）。
- 数据挖掘和机器学习，获得结论。
- 对结论的解释和评估。

我们在前面已经涵盖了前四个步骤的内容，其中最重头的第四步——机器学习的内容，我们用了整整一章（第三章）来讲解。这些步骤虽然都有挑战，但是总的来讲我们都有解决办法。但是对于今天的机器学习来讲，最后这一步不仅最难，而且很多时候我们还没有答案。

我们先来说说对机器学习结论的解释。在过去，当我们头脑中先有一个预设的模型时，我们对于机器学习的结论比较容易解释。比如，我们想找出一款游戏什么人玩得最多，只需要根据用户的一些明显属性，比如性别、年龄、知识层次、职业、在网上的活跃程度等进行统计即可。对于统计出来的结果，比如男生比女生多，年轻人比老年人多，也很好解释，因为绝对玩家人数或者他们玩游戏的总时长放在那里。

但是，对于使用深度学习得到的结论就无法解释。2016 年，谷歌的 AlphaGo 战胜李世石之后，我的一位朋友、谷歌的一位工程师突发奇想，想看看能不能从计算机的程序中得到启发，来帮助他正在学习围棋的儿子。当他打开 AlphaGo 的程序，结果让他大失所望，里面没有什么算法能够直接和获胜相联系，更要命的是里面训练出来的数据完全看不懂。

这是目前深度学习所遇到的普遍问题。由于无法解释，怎样改进方向也不清楚，目前大家能做的就是增加规模、数据量和迭代的次数。负责谷歌大脑项目的迪恩讲，过去的人工神经网络只能做到几层，今天 AlphaGo 已经用了上百层，而在工程上他们曾经实现了上千层。层数多了效果就好，但是没有人说出为什么好。

学术界的一些学者试图通过对那些与人工神经网络等效的机器学习算法的研究，加深对深度学习机理的了解，比如，通过了解有概率的图形模型（graphic model）来分析人工神经网络。当然这些研究还很初步，能否搞清楚人工神经网络工作的原理尚未可知。

由于对今天深度学习的机理不甚了解，如何评估基于深度学习的人工智能系统的好与坏，我们其实也缺乏了解。目前人们使用的评估方法基本上有两种：一种是和人的表现相比较，另一种是和现有数据去吻合。无论是哪一种，比较之后匹配度高就被认为是好的。比如机器翻译，和人翻译的结果一致性高就被认为水平高；股票的交易，预测结果和历史上的涨跌相一致就是好。但问题是，人翻译的结果未必是完美的，即便翻译的意思没有问题，不同的人翻译的差异也是巨大的。中国市面上有七八种由名家翻译的《堂吉诃德》，如果只对比句子或者句子中所使用的短语，它们之间的差异常常超过篇幅的 50%。对于这些译本，读者也没有一个一致的看法。假如现在计算机也给出一个版本，大意没有问题，那么它翻译的水平到底如何呢？这件事其实很难说清楚。类似地，和已知的数据相比较，结论也未必有说法力。比如在乔布斯没有发明 iPhone 以前，对所有已知数据契合得最好的手机肯定是诺基亚，但如果我们认定那就是最好的手机，就不会出现 iPhone 了，因为 iPhone 和已知数据的差异是巨大的。

到目前为止，人工智能善于解决目标明确、评估体系清晰的任务。比如，下围棋虽然困难，但是毕竟输赢的定义非常清晰。但是对于评估方法稍微不明确的任务，完成得就差很多了，比如计算机写作。还有很多时候，人自己制定的标准和人的行为并不完全一致，如果计算机完全按照人所制定的标准做事，就可能干扰人的行为，比如自动驾驶汽车便是如此。当街上有一辆 100% 遵守交通法规的自动驾驶汽车，它绝对不会超速，在红绿灯前早早地就减速了，这会让后面的司机出现“路怒”，甚至会在红灯前追尾。

因此，今天人工智能技术的发展，所涉及的问题其实已经超越了技术，怎样评估它会影响技术发展的方向。此外，大数据的普遍使用，特别是能够采用智能技术处理数据之后，数据的安全就成为一个大问题，虽然它目前没有出问题，但是万一出问题破坏性可是巨大的。

数据安全

今天大数据的一个挑战来自对数据安全性的担忧和对隐私的诉求。这一节我们重点讨论数据安全，在下一节中我们将讨论隐私保护的问题。

数据安全有两层含义，首先，要保证用户的数据不损坏、不丢失。10 多年前，云计算刚开始普及，大家所担心的是数据存储在云端会丢失；10 年之后，互联网用户或多或少都有了使用云计算的经历，已经体会到数据放在云端上的方便性。在这 10 年里，很少发生太多数据存在云端取不回来的情况，或者马上要看数据结果对方服务器宕机的情况。因此从四五年前开始，个人用户不再担心这方面的问题。当然，企业级云计算的用户对数据的安全性和可随时访问性的要求，比个人用户要高一个甚至好几个数量级。今天一部分提供云计算服务的企业达到了这个要求，比如一直做企业级市场业务的 IBM 和甲骨文，在云计算上起步较早的 AWS（亚马逊旗下的云计算平台）、微软、谷歌和国内的阿里巴巴等。但是，对于很多其他云计算公司，这个问题依然没有解决。国内不少企业向我抱怨某家 IT 公司的云服务极为不稳定，而那家企业的技术人员也觉得很无辜，因为他们很努力了，过去服务海量的个人用户就没有收到什么抱怨。这说明这家企业还不具备做企业级 IT 服务的基因，并没有搞懂那种服务所需要的核心技术，不是简单加几台服务器的事情。

其次，数据安全第二层的含义是要保证数据不会被偷走或者被盗用。在过去的 10 年里，由于不断传出有犯罪分子或者恶意的黑客进入计算机系统中偷盗数据的事件，而且确实给公司和个人带来了很大的麻烦。更糟糕的是，像 Facebook 这样的公司居然卖了几千万用户的数据挣钱。因此，今天个人用户所担心的是自己的数据是否会被别人偷盗，以至于让自己蒙受很大的损失，而不是自己的数据丢失掉。

目前的各种信息安全防范方法，虽然防住了绝大多数黑客和数据偷盗者的入侵，但总有一些漏网的。在云计算普及之前，数据通常不是集中存放，因此即使系统被黑客攻破，丢失的数据有限，损失也有限。更重要的是，由于数据大多是单一维度或者是低维度的，所以损失比较直接，可以估量。比如在2002年之前，像美国的美洲银行这样的大银行，各个州储户的账号还是单独存放。这当然给跨州交易带来了不便，比如在东海岸的马里兰州的美洲银行，无法调出加州客户全部的个人信息。但是，这种不联通实际上是银行建立的“水密舱”，它可以避免某个州分行系统被攻破后，全国用户信息的丢失。然而在大数据时代，由于数据量巨大，数据一旦丢失，损失就是巨大的。比如，2013年美国百货连锁商塔吉特数据丢失造成的损失高达1.6亿美元（见图6–9）；2014年曝出的索尼丢失数据事件，造成的损失高达1亿美元；更早的时候，美国折扣连锁店TJ Maxx的数据丢失造成了2亿美元的损失。在这几起信息被偷盗的案件中，用户信息都是被一锅端的。

比商业数据丢失后损失更大的是医疗记录被盗。据加州几家信息安全公司给出的参考数据，在美国黑市上，一个医疗记录的卖价是个人商业数据的50倍左右。美国每年有不少医疗健康信息被盗，甚至个别的医疗仪器被黑客劫持，整个医疗系统被黑客勒索的赎金高达数十亿美元，只是绝大部分患者不知道而已。

图 6–9　塔吉特的计算机系统被黑客攻击，半个多月后才被发现，4 000 万顾客信用卡信息被盗

当然，数据集中存放更让业内人士不踏实的是，一旦黑客得到多维度的数据，他们就可以像数据科学家一样对大数据进行分析，那么泄露机密的损失就大得难以估量。此外，过去不同维度的数据存放在不同的地方，它们关联不起来。比如银行的数据和社交网络的数据不会关联，黑客即使得到了你的一个银行账号信息，也不可能冒充你。今天的情况则不同。一些偷盗信息的人可以将某个人很多维度的信息拼到一起，然后使用这些信息申请信用卡，在花掉上万美元之后将烂账留给被盗用信息的人。这类事情，在美国时有发生。

有经验的 IT 系统主管和架构设计师都知道要尽量将敏感信息放

到不同的地方，以免多种敏感数据同时丢失。但是这件事情执行起来并不容易，因为如果一项安全措施导致操作麻烦，很多人就会不遵守。比如在很多公司里，操作人员为了方便，习惯把分开存放的数据又拷贝到同一个地方一起处理，原先出于信息安全所做的设计就形同虚设。通常人们在方便性和安全性方面会优先考虑方便性，这是人的天性使然。

在大数据时代，虽然计算机系统在设计时对安全性的考虑比过去周全了许多，但是从案发的数量来讲，数据偷盗行为比以前多得多，造成的失误也大得多。这不是防火墙不够先进的问题，再先进的防火墙能拦得住 100 次黑客入侵，也难保第 101 次不出错。在前面提到的塔吉特遭受黑客入侵的事件中，其实它的防火墙已经报警了，但是由于报警频率太高，操作人员嫌烦而关闭了报警系统，这才惹出大祸。有些时候，人的安全防范意识要比想象的差得多，我本人就遇到过一件令人匪夷所思的事情。

2009 年，我陪同母亲到加拿大游玩，然后回到美国。根据美加两国的协议，美国把海关设在加拿大机场内，这样在登机前实际上要先经过美国海关。或许是因为海关的计算机设备放在了加拿大，或许是其他原因，总之在海关窗口的那台计算机里找不到我母亲的信息。于是海关工作人员就不得不让她到旁边办公室办理入关手续，因为在那里有一台计算机可以直接连到美国国务院，能够访问完整的数据库。由于母亲的英语不流利，我就被允许和她一起进入那个房间。或许是因为那台计算机连接着美国国务院的数据库，颇为敏感，如果操作人员两分钟不操作就自动退出了，这时海关官员必须重新输入密码登录。那位海关官员对我母亲问话的时间显然不止两分钟，因此他不得不一遍一遍输入密码。当然，这样敏感的账号自然要求密码设置非常复杂，比如要求各种类型的字符组合在一起，这样的密码其实很难记得住。于是他把密码写在了一张纸上，那张纸就放在办公桌上，密码被旁边的我看得一清二楚。我当然对进入国务院的数据库没有兴趣，但是如果是一个黑客而不是我看到那张纸，麻烦可能就大了。

当然，可能有读者会觉得我遇到的是个案，事实上，我们在谷歌接到用户账号被盗的报案中，大部分情况是用户自己把账号写到什么地方，被人给盗走了。既然不能够完全把偷盗者挡在外面，就需要有更好的方式来保障信息安全。

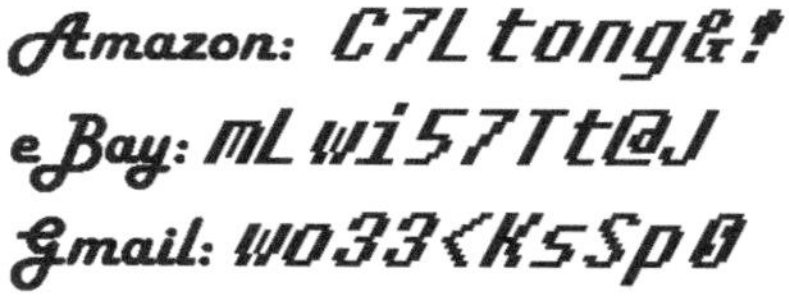

Amazon: C7Ltong&!
eBay: mLwi57Tt@J
Gmail: wo33<KsSp0

图 6–10　那些很复杂的密码反正记不住，只好抄到纸上，结果更加不安全

科学家和工程师们首先想到的是在文件系统和操作系统设计上加以改进。直到今天，文件系统和操作系统的设计和 40 年前没有本质的差别，而在那个年代，信息安全的矛盾并不突出，因此在数据安全性上的考虑并不多。早在 2001 年，一位计算机科学家在 IEEE（电气和电子工程师协会）的一个信息安全研讨会上就指出，计算机系统的设计和高楼设计很大的不同是，前者事先并不考虑安全的隐患，而后者在每一个环节都要考虑安全的问题，这就是我们面临的现实。此外，入室偷盗一旦被抓住是重罪，但进入他人账户被抓住，处罚常常是极轻的，这无疑鼓励了不法分子偷盗信息。因此，从系统上根本地解决信息安全问题，其必要性是显而易见的，不过这并非一朝一夕能够办到的事情。

另一种行之有效的方法恰恰是利用大数据本身的特点，来保护大数据的信息安全。通常一家机构里的业务流程是固定的，被授权的操作人员的使用习惯也是可以学习的。比如我前面提到的海关官员操作国务院信息档案库的流程，通常可能会是从 A 点到 B 点，再到 C 点、D 点……但是，假如外来的闯入者真拿到了密码进入国务院的计算机系统，由于他对国务院内部的业务流程并不了解，他的操作可能直接从 A 点绕到 C 点，然后跳到 E 点，因此可以通过大数据发现并制止异常的操作。麻省理工学院计算机和人工智能实验室（MIT CSAIL）

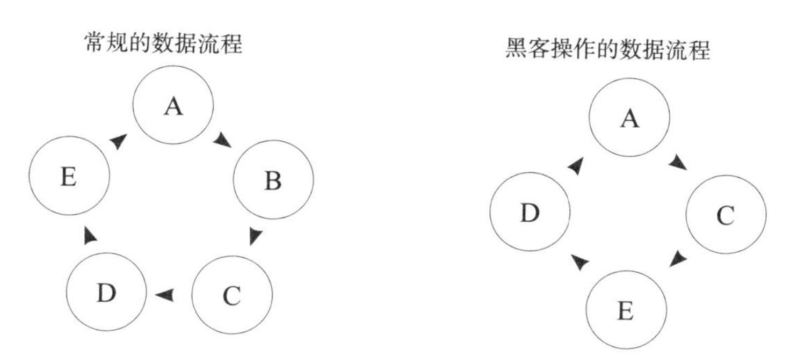

图 6–11　用大数据分析流程是否正常。左边为常规的流程，右边为异常的流程，可能是由黑客在操作

的研究表明，利用大数据（2 000 万用户产生的 36 亿行的系统日志）分析来防范黑客攻击，要比在防火墙设置各种规则的传统做法有效 5 倍。而在工业界，一些信息安全公司已经开始按照这种思路来设计和研制产品了。

硅谷的 Trustlook 公司和中国一家电信运营商的信息安全服务公司就是这么做的。它们都利用大数据分析和机器学习了解公司正常的业务流程，发现并防止异常操作。不仅一家公司正常的业务流程可以学习，当数据量足够大时，每个被授权的使用者的操作习惯也可以学习，那么不符合这些习惯的操作就可能来自非法的闯入者，这些操作就会被禁止。类似地，日本一个发明家将这种思路用于汽车的防盗。他发明了一套检测驾驶员身材信息和操作信息的监控系统，能够根据平日里经常驾驶某辆车的人的身材信息、坐姿和动作，判断是原来的司机还是新来的人。如果某个偷车贼偷到了钥匙试图把车开走，那么该系统一旦发现这个人平时没见过，就会要求他输入密码；如果密码输入错误，汽车会完全关闭，不能启动。这种防盗方式和保护信息安全的方式异曲同工。

保护隐私

大数据具有多维度和全面性的特点，可以从很多看似支离破碎的信息中完全复原一个人或者一个组织的全貌，并且了解到这个人生活的细节或者组织内部的各种信息。这样就会引发大家对隐私权的担忧。比如在塔吉特公司预测孕期的案例中，实际上那个怀孕的未成年少女的隐私已经被泄露。好在塔吉特作为年销售额超过700亿美元规模的连锁店，没有必要冒着毁坏信用的危险泄露个人的隐私。

为什么要保护隐私，对这个问题的回答恐怕是仁者见仁，智者见智，但通常大家有一点看法是一致的，那就是赤裸裸地生活在众人的目光下不舒服。我们每一个人都不是完人，都或多或少有些并不十分光彩的一面，那一面如果被熟人知道了，对生活会有很坏的影响。

过去的历次技术革命都没有过多涉及个人隐私的问题，因为那时技术的发展和个人隐私关系不大。但遗憾的是，在大数据时代，技术的发展和保护隐私开始产生矛盾。比如我们前面在介绍各种智能交通管理工具时展示出了它的好处，但是另一方面，如果某家提供这种服务的公司无限制、无节制地收集用户数据，实际上每个人的行踪都可能暴露在大众面前，这是非常危险的。很多公司现在已经具有了这样的能力，只是大家不知道或者不注意而已。

2013年，一位特斯拉汽车的主人抱怨他的电动车在充满电之后，跑的距离没有特斯拉公司所声称的那样远。特斯拉马上回应道，车主人所走的路线并不是他向媒体讲的那条路，而是一条绕远的路。这件事情曝光之后，大家的注意力马上从电池的续航能力转移到了个人隐私方面。根据圣塔克拉拉大学的法律学教授多萝西·格兰西（Dorothy Glancy）介绍，不只是特斯拉一家公司在获取汽车车主的数据，96%的新车都有类似于特斯拉这种追踪车主行踪的功能，而且获取的数据比我们想象的多很多，比如是否系了安全带。更关键的是，绝大部分车主并不知情，而且无法关闭这些监控功能。

或许我们已经习惯了出门在外被各种摄像头监视，对于私家汽车里面安装上述数据采集装置也只好听之任之。我们天真地以为，至少在家里关起门来，外面是不可能知道家里发生的事情的，但是情况并非如此。像 Nest 这样的智能家居可以知道家里每个人的活动，甚至知道什么人来访。如果一个家庭妻子出差了，丈夫带另一位女士来家里过夜，这件事在今后恐怕是瞒不住的。当然，从好的方面想，通过获取这些细节的数据至少有助于反腐败，能够发现私底下的官商勾结、权钱交易，帮助查处贪腐获取证据。但是这样一来，我们也毫无隐私可言了。今天很多智能家居产品都在收集个人生活信息。

在评价大数据和机器智能给人们生活所带来的便利之处，以及它对个人隐私带来的危害时，人们通常会走两个极端。一方面是夸大便利之处而忽视它对个人隐私带来的危害，另一方面是因噎废食，以保护隐私为名，禁止大数据在很多场合使用。这种走极端的行为原因并不难理解。一开始，大众对于大数据的使用会导致的个人隐私泄露这件事不了解，根本就没有把它当回事，也过分相信那些持有大量个人数据的公司的善意，因为那些公司都曾经承诺它们会善用数据保护隐私的。直到2017年，Facebook被发现出售了8 000多万条个人信息后，大众才开始对拥有大数据的公司警惕起来。

应该讲，Facebook 在保护个人隐私方面做得绝不是最差的一家，很多公司其实做得更过分，只是它们规模较小，没有引起大众注意而已。当然，在泄露个人隐私方面，大众自身也有很大的责任。一些读者可能会挑战我的这个说法，认为大众（特别是欧美国家的人）保护个人隐私的意识还是很强的。但是在行动上，欧美国家的人也常常为了便利性放弃个人隐私。

为了证实这一点，凯文·凯利和我分别在硅谷地区对社交网络的用户做过一个调查，看看他们到底是在乎自己的隐私还是更希望获得便利性。我们的调查方法基本上相同，都是通过一份精心设计的调查问卷对各种文化背景的男女老少进行抽查。调查问卷包括三部分内容。首先，我们列举了很多社交网络产品和移动互联网产品，让被调查者说明他们都用了哪些。对这些产品，我们当然清楚使用者会暴露多少隐私，但是被调查者未必清楚。其次，我们列举了一些需要牺牲隐私换取便利的服务，看看被调查者有多少原因使用那些服务。最后，我们给被调查者一个可以拉动的游标，让他们在保护隐私和便利性之间做一个选择，比如最左边是彻底保护隐私，但是也彻底失去移动互联网和社交网络带来的便利性，最右边是彻底放弃隐私，但是得到当下各种技术和产品带来的全部便利性。

绝大部分被调查者在最后一项调查中会选择把游标拉到 50% 的位置（见图 6–12），或许他们认为这样便保持了在隐私和便利性之间的平衡。但是，根据前两项的统计结果我们发现，用户在行动上的选择是放弃隐私以换取便利性，或者说把游标拉到了非常靠右边的位置。

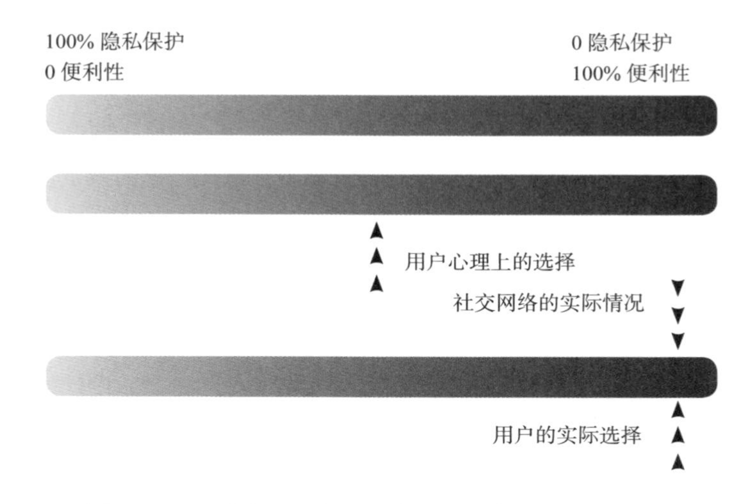

图 6–12　用户在心理上和行动上对保护隐私认识的差异

当然，在这里我要说明的是我们调查的人群仅限于硅谷地区，加上调查的人数有限，因此我们的结果难免有所偏差。但是被调查者如此一致地选择便利性而不是保护自己的隐私，应该足以说明大家对隐私问题的忽视。

我们也对各种 App 和社交网络产品在保护隐私和提供便利性两方面做了评估，有意思的是，它们和用户在行动上的选择非常一致，即将便利性推到极点而不顾及大家的隐私。这或许是巧合，但也可能是社交网络和移动互联网 App 的提供者在不断地测试用户对暴露隐私的承受底线，只要用户不抱怨，它们就做得越来越过分。比如，安卓上很多社交 App，都会要求访问移动互联网的所有联系人的信息。它们要访问的信息和它提供的功能完全无关，但是用户依然会安装这类

App。显然，那些刺探个人隐私的公司能够得逞的原因，是用户自己将隐私交给了那些毫不相干的公司（或者个人）。

在中国，大众主动透露个人隐私的行为更为普遍，而大家对此要么已经麻木了，要么没有当回事。由于谷歌官方的App商店在中国使用不了，各种第三方的App商店占据着市场，它们对App几乎没有任何把关，导致很多变相偷盗和非法收集个人信息的App在市场上泛滥。在国内，如果你用手机浏览器阅读某个网页，它常常会要求你安装App才让你阅读。那些App都是无法通过谷歌官方App商店上架要求的，并被谷歌的浏览器或者赛门铁克（Symantec）等公司的安全软件认定为间谍软件。

大众在大数据时代对自己的隐私如此不在意，除了贪图便利性之外，还有三个原因。首先，大众不清楚大数据按照目前的方式发展，最终会严重侵犯个人隐私。这在过去的技术革命中不是问题。其次，大众抱着侥幸心理，认为那么多用户数据，怎么可能数据的拥有者和操作者正好能挖掘到我的隐私。这是因为他们对大数据所带来的机器智能不了解，事实上这不需要人工去做人肉搜索，计算机可以自动完成挖掘任务，而且做得非常智能。最后，很多人会觉得，我既不做什么坏事，也不担心行踪被暴露，也不是什么名人怕大家知道什么秘密，那些拥有我的数据的公司即便知道我的隐私，也损害不了我的利益。这种想法实际上是大错特错，因为用户的利益在隐私暴露之后很容易就被损害。我们不妨看看如下几个例子。

人们在某大型电子商务网站上发现，某些人总是买到假货，而另外一些人以同样价格却能买到真货。这并不是因为前者比后者的运气差，而是商家掌握了太多的个人数据，或者说我们的隐私。当商家知道前者是买了假货也不会吭声的“软柿子”，后者是睚眦必报的“刺头”的时候，欺软怕硬的行为一定能够给他们带来最多的利益。有人觉得这是法律不够严，惩罚得不够，但这并非光靠法律就能解决的问题。在美国，虽然法律相对完善，但是在网上卖假货的情况也不少，这和实体零售店基本上杜绝了假货形成了鲜明的对比。2019 年 7 月，美国众议院司法委员会副主席道格·柯林斯在一次听证会上，全面讲述了美国电商在这方面糟糕的情况，以及背后的原因，这些细节我们后面还会讲到。总之，在利用大数据方面，个人用户相比商家永远是弱势群体，一旦他们的秘密被商家知道，他们的利益就会难免受到损害，而这又很难单纯通过法律来解决。

如果说利用用户信息卖假货是个别现象，而且属于违法行为，那么价格歧视则是今天个人信息被泄露之后的必然结果。今天，很多人喜欢网购最主要的原因是它经常给顾客打折，但是打折这件事多少有点自欺欺人，因为价格（明码标价的商品除外，比如图书）和折扣是多少全由商家说了算。过去在百货商店里，由于大家看到的折扣（如果有的话）都一样，因此在同一家商场买同样商品的价格也相同，大家会觉得比较公平。在网购时，我们在前面讲了它对商家的便利之处，可以给不同的顾客看到不同的商品，这会让顾客感到方便。但是商家接下来做的事情恐怕就没有什么顾客喜欢了，因为它会根据不同顾客的购买意愿显示出不同的价格。当然为了显得不那么歧视，它会给大家显示相同的原价和不同的折扣。这种情况我们今天称之为价格歧视，也就是大家俗称的“杀熟”，因为你在一个网站购买的商品越多，泄露的个人信息越多，购买意图也就越容易暴露，并被商家赚到便宜。2018 年 3 月，《彭博商业周刊》对这种现象进行了详细的报道。

2016 年，本书第一版刚出版时，各种电商网站（包括提供旅游服务的旅行社、酒店和航空公司网站）对顾客的价格歧视刚刚开始不久，很多人对此感觉并不明显，对此也将信将疑。但是今天很多人对此已经有了亲身体验。比如，对于那些经常快到出行时才订票的人，航空公司或者旅行社给出的报价就会比给其他人的高很多。尤其当两个城市间仅此一家航空公司有直飞航班时，价格上的差异就更明显。读者朋友如果有兴趣不妨做这样一个实验：几个人从不同的地点，用不同的计算机在同一个网站上查寻一趟航班的票价，大家可以发现价差巨大。如果你多查询几次，票价还可能上涨。其实早在多年之前，美国的一些航空公司就开始出钱聘请大数据的研究团队研究如何通过分析顾客的意图更多地赚钱。据一所世界名校承接这些项目的团队介绍，对用户行为的分析可以让航空公司提高 10% 左右的销售额。虽然 10% 的增长率听起来不算太多，但是对净利润率只有 0.2% 的航空业来说，这是几十倍利润的提高。而对于乘客来说，由于只是部分乘客受到伤害，整体上 10% 票价的提高意味着他们的额外支出要远比 10% 多，实际上多付出的票价可以高达 50%。当然，航空公司对此有很好的解释——让那些有能力多支付票价的人多付些钱，可以让穷人以较低的价格获得出行机会。如果你曾有过被价格歧视的经历，对于这种解释你是否接受呢?

针对上述情况，顾客可不可以到其他网站购买商品和服务呢?通常比较难，因为一方面你并不一定知道自己已经被价格歧视了；另一方面，今天很多网站都在通过各种渠道收集你的个人信息和商业行为，也就是说，那些网站在同进退，“天下乌鸦一般黑”。而这件事并不需要网站之间达成什么协议，价格的调整是由计算机的智能程序设定的。据世界某个著名的电商公司透露，它不仅记录你过去在该网站的购物行为，而且还在了解竞争对手给你的报价。比如，一本书原本可以 17.99 美元卖给你，但是竞争对手的报价是 20 美元，它知道给你报价 19.49 美元你就会满意。不要小看这 1.5 美元，虽然对你只是百分之十几的差距，但它可能让网站的利润率提高一倍。根据《彭博商业周刊》的报道，一些网站还根据你的购买习惯，主动诱导你购买那些价高的商品。

很多人觉得解决价格歧视是一个法律问题，但是世界上没有哪个国家的法律明确规定不同顾客购买同一种商品必须是同一个价格。到目前为止，有关价格歧视的诉讼，还没有太有利于消费者的判例。在这一类诉讼中，商家通常会引用在传统的商业时代不同顾客因为使用不同的优惠券拿到不同的价格为自己辩护，而在商品社会，商家和顾客就商品和服务达成个性化的销售条款也是符合市场规律的。但是，在过去传统的商业时代，即便是双方讨价还价，彼此对对方的信息也都不甚了解，因此基本上是公平交易。在今天的大数据时代，顾客是极为弱势的一方，他们的信息完全被商家掌握，而他们不掌握任何商家的信息。

今天，能否保护好隐私已经成为大数据能否长远发展的关键。没有人愿意接受在自己的隐私完全受到侵犯的前提下任由大数据继续发展下去的。目前，在医疗卫生这个本身拥有大数据的行业，大数据的应用反而非常谨慎，其主要原因就在于保护个人隐私的问题没有解决好，而这个问题对于医疗保健行业特别重要。在其他行业，类似的问题也越来越凸显，因此，保护隐私的问题不处理好，对大数据的长期发展是不利的。

在大数据时代保护隐私是一个社会化的问题。一方面，今天很多人能够想到的是在法律层面加强监管，这无疑是需要的，但依然非常不够，还需要在技术上找到保护个人隐私的方法。另一方面，法律的执行本身也需要相应的技术基础。绝大部分侵犯个人隐私的行为，并不像 Facebook 出售个人数据那样明显，破坏性也没有那么大，很难被发现和查处。此外，法律的制定永远落后于案件的发生，尤其是在大陆法系的国家。因此，更积极的办法是预防这方面的犯罪，而不是出了事之后处罚。

不少人觉得在技术上保护隐私，只需要屏蔽掉一些和个人有关的信息即可。20 年前，这种方法是有效的，因为各种维度的数据联系不到一起。但是在大数据时代，由于大数据多维度和全面性的特点，简单屏蔽掉的很多信息是可以从其他维度利用相关性恢复的。因此，保护隐私需要复杂得多的新技术。

第一类能够比较彻底保护隐私的技术是所谓的双向监视。这是一个听上去很新颖，但类似的做法其实几十年前在银行业已经被广泛采用了。先说它新颖的一面。简单地讲就是当使用者看计算机时，计算机也在盯着使用者看。大部分人喜欢偷窥别人隐私的一个原因是，这种行为没有任何成本。但是，如果有人在刺探别人隐私时，他的行为本身暴露了，那么他就会多少约束自己的行为。这就好比一个偷窥者悄悄推开门缝往里面窥视，发现里面有双眼睛正在看着他，那么他的反应可能是马上把门关上。凯文·凯利对各种保护隐私的技术做了评估，他和研究人员发现，如果给窥视者一个选择，输入自己的真实信息后才可以窥视他人，那么绝大多数人会选择直接离开。正如制约权力最好的办法是使用权利，解决一种技术带来的漏洞最好的办法是采用另一种技术，那么保护隐私最好的办法或许是让侵犯隐私的人必须以自己的隐私来做交换。

这种想法今天还没有完全实现，那么为什么类似的做法银行已经采用了呢？如果我们把钱和数据等同起来，这件事就容易理解了。今天，当你把钱存入银行，哪怕只存入了一元钱，如果政府审计部门要查账，银行必须能说出这一元钱在银行里是如何流动的。如果银行将它贷出去了，那么贷给了谁，目的是什么，银行必须说得出来。今天银行之所以不敢“干坏事”，因为大家，也包括你的眼睛在盯着它们，而且这件事在技术上是支持的。但是，今天拥有大数据的公司却没有一家说得出它们从用户身上获得了多少数据，这些数据都流到了哪里；如果是用来“改进服务”了，它们是怎样被使用的，是否被用于了危害用户，等等。由于大的数据公司在窥视你，而你却无法窥视

图 6–13 双向监视。当偷窥者通过计算机和网络刺探别人隐私时，被窥视者也在看着他

它，它便可以为所欲为。2019 年，一些媒体采访我时问道，某家著名企业将自己的使命确定为做有利于用户的事情，这是否意味着将来这家公司，以及更多的公司会自我约束。对此我的回答是，这种靠道德自我约束的做法在中国已经有 3 000 多年了（更早的时候因为没有太多的文字记载我们不清楚），但是从来没有管用过。既然 3 000 多年都没管用过，你今天还相信这一类的承诺吗？早在 300 年前，孟德斯鸠等人已经完全不相信这类的自我约束，因此才提出用权力制约权力的思想。在保护隐私方面也是如此，只有当用户也能掌握大数据公司使用数据的细节，保护隐私才不会是一句空话。

从 2018 年起，欧盟国家开始提出要像监管银行一样，监管拥有和使用大数据的公司，并且要求那些公司自己开发能够让第三方了解它们使用数据情况的技术。这是它们将来从事商业的必要条件，就如同银行自己要提供方便外界查账的工具一样。在美国对大数据企业这种监管的呼声也越来越高，而那些企业也在开发相应的技术，让外界能够监控自己。今天，我们看到一个好的现象是，在美国所有使用了用户上网 Cookie 的网站，都被要求明确提示这一点，并且用户有权选择“同意对方使用”，或者“默许对方使用，但是没有接受对方的使用条款”。后者和前者的区别在于，一旦有了法律纠纷，用户可以说“我虽然让你收集了数据，但是保留了追究你使用数据对我造成危害的权力”。可以讲，用户知情和双向监视是将来技术发展的方向。

另一类保护隐私的技术是将使用信息和拥有信息分开，将使用信息和查看信息分开。比如，我们能够让数据工程师根据数据的特性进行处理和统计工作，但是却不让他们能够完全读懂数据，这样至少就能防止个人窃取和泄露隐私。这件事在过去比较难做到，因为即使对数据进行了隐藏部分信息的处理，数据科学家和数据工程师也可能利用其他维度的信息恢复出原来的数据。但是在区块链出现之后，这件事就能做到了。关于这一点，我们在后面介绍区块链技术时再详细介绍。

总结上述两种技术的特点，我们可以看出，为了在使用大数据的同时尽可能地保护隐私，数据从采集到使用都需要双向知情，也就是说不再是数据的所有者暴露在大庭广众之下，数据的采集者和使用者

（偷窥者也是一种特殊的数据使用者）也同样被监督。这样或许是保护隐私最有效的方式。

保护隐私对个人的好处不言而喻，对商家其实也有好处。这不仅在于它们能够“合法”地挣钱，而且还能让好的商家长期挣钱。为了理解这一点，我们不妨看看美国银行发展的历史。在很长的时间里，美国银行业可以用“胡作非为”来形容，挪用储户存款进行非法经营的情况时有发生。当偷钱的银行工作人员在非法经营中挣到钱后，他们把利润装进自己的口袋；相反，当他们亏了钱之后，他们是不会从自己口袋里掏钱还给储户的，而是让银行破产。因此在 1933 年罗斯福新政之前，美国银行破产是家常便饭。1933 年之后，美国一方面杜绝银行进入股市等高风险的资本市场（法律监管），并且提供了一个技术手段来保护储户利益，即 FDIC（联邦存款保险公司）的再保险；另一方面，通过竞争让那些胡作非为的银行纷纷倒闭，这才让储户能放心地把钱放在银行里。类似地，如果两家公司同样挣钱，一家有能力保护用户隐私，另一家总是侵犯用户隐私，可以想象，后者会逐渐丧失用户。

本章小结

大数据在今天这个时间点爆发，是各种技术条件具备的结果。但是，要让大数据真正发挥巨大作用，让计算机变得更聪明，还有很多技术挑战需要应对。

大数据的数据量大、维度多、数据完备等特点，使它从收集开始，到存储和处理，再到应用，都与过去的数据方法有很大的不同。因此，使用好大数据也需要在技术和工程上采用与过去不同的方法，尤其是要改变我们过去的很多思维定式。大数据和机器智能的发展和应用过程，还会带来很多新的技术挑战，需要解决很多技术上的难题，比如对数据安全的考虑、对隐私保护的考虑等。有些问题虽然在大数据时代之前并不重要，但是今天（大数据时代）它们变得非常突出而且敏感，让我们不得不认真考虑。

我们已经向大家展示了大数据能给我们带来的诸多好处，但是这些好处的获得需要有扎实的技术和工程基础做保障。在今后，任何一个能够提供某些大数据关键技术的公司和个人，在未来的智能革命中，都将有大展宏图的机会。

07

迈向超级智能

未来的社会将是一个超级智能的有机体。如果我们把它对应于人，那么人工智能是大脑，IoT 是神经系统。IoT 中数量巨大的传感器和设备扮演着众多感官细胞的角色，而正在发展起来的 5G 移动通信网络则相当于周围神经。区块链也是这个超级智能有机体不可或缺的部分，它扮演着承载生物信号的角色。

人工智能发展到今天，它的作用和威力已经不容置疑了。需要指出的是，它的威力并非来自一台计算机的计算能力，或者智能程序的信息处理水平，而是来自机器智能的网络效应。为了便于理解这一点，我们不妨看几个和机器智能相关的事实，对比一下机器智能和人类智能在网络效应上的巨大差别。

- 2016 年，当 AlphaGo 在和李世石下棋时，对弈的并非一台计算机，而是通过网络相连的超过 2 000 个处理器核心的几十台服务器以及上百个 GPU。而在 AlphaGo 训练时，有更多的服务器参与了工作。相反，李世石下棋时所有的决策都是他一个人做的，而且他在学习围棋时虽然会和同伴切磋，但总的来讲是个体行为，他同伴的进步对他的帮助有限。
- 今天安防使用的人脸图像识别系统，并非源于一台台单独工作的计算机，而是成百上千个智能摄像头和后面数量更多的服务器一同连成的一个巨大的网络系统。光有摄像头没有后面的服务器，以及里面的人脸数据库，这个系统是无法工作的。同样，没有前面的摄像头每天源源不断地收集数据，后面的系统也是僵死的，是无法进步的。今天人脸识别技术的进步，很大程度上依赖于各种摄像头收集的数据总量的剧增。和计算机识别人脸所不同的是，人识别它们或者其他图像完全是个体行为，即使 5 个人同时识别一张照片，也是各自做决定的。特别是在学习识别人脸时，他人所见到过的照片（或者真人），对我们的识别水平没有帮助。

- 我们说今天计算机的智能水平离不开大数据，而大数据的来源本身就是网络效应的结果。在利用大数据信息反欺诈的过程中，各种维度的信息有不同的来源，计算机将它们综合到一起，做出决定，这也是一种网络效应。而我们人类难以将其他人已经得到的信息或者经验迅速用于我们的判断。我们在做这种判断时，只能依赖于自己非常有限的经验。
- 在未来的智能交通系统中我们还会看到，由于在车联网中的每一辆汽车都可以了解到周围汽车的行驶意图，因此大家可以避免彼此有意无意地争抢车道的情况，使出行的时间有效地缩短。相反，我们每一个人开车时都是独自做决定的，并不清楚周围人的意图，因此人的行为在整体上讲有很大的随意性，也无法做到在一定范围内的有效优化。

对比了机器智能和人类智能在网络效应上的这些区别，我们不难看出这种网络效应会让计算机的智能水平以更快的速度发展，并且在很多领域达到一个人类永远达不到的高度。未来超级智能时代正在到来，而那种基于网络效应的、在一些领域远远超越人类的人工智能就是超级智能。可以讲，我们现在正处于从初级的人工智能阶段向超级智能时代发展的过程之中，在这个过程中，技术将起到决定性的作用。在这一章里，我们就集中讨论和未来超级智能相关的技术。

“移动互联网 + 传感器”催生 IoT

今天一些中文媒体将 IoT 翻译成“物联网”，这个翻译从字面上讲没有错，但是没有正确地表达 IoT 的含义，因为 T（things）在这里是指万物，除了我们一般人理解的东西，也包括已经连到互联网中的各种终端设备（比如计算机和手机），更包括我们人自己。

万物互联网的出现离不开移动互联网的发展，因为我们不可能把世界上各种东西都用信号线连在一起，更不可能用这种方式将我们人连到网上。即便是在移动互联网早期时代，万物互联这件事也是不可能的。不仅因为当时移动互联网的带宽不够，无法提供是现在移动设备数量几十倍的 IoT 设备上网，而且过去的移动互联网在设计上就没有考虑 IoT 设备的联网问题。直到今天，大部分 IoT 解决方案看上去还是凑合出来的——通常在固定的场所，那些 IoT 设备都需要通过 Wi-Fi 路由器上网，或者通过蓝牙和手机等移动设备相连；在一些需要移动的场所，比如在我们人身上，蓝牙几乎是连接 IoT 和网络的唯一方式。这种半吊子的解决方案有点像过去很多人家使用的无绳电话（见图 7–1），看上去能够移动，但是离不开家里的“小基站”，它们和后来真正的无线通信手机完全是两回事。当然也有一些能够直接上网的 IoT 设备，比如特斯拉汽车和使用了 SIM 卡（用户身份识别卡）的智能汽车，但是它们只是极少数。

图 7–1　无绳电话

当然，如果我们往好的方向看，有了移动互联网和 Wi-Fi 等设备和技术，人们已经可以尝试使用 IoT 设备，并且将很多原来和网络完全无关的设备网络化了，比如冰箱、空调和音响等，同时也让人类通过一些可穿戴式设备连到了网上。

真正催生 IoT 的第一个决定性技术是传感器技术。在一般人的想象当中，传感器就是一个很小的机械或者电子器件，能够测量某些物理量，比如温度、时间、压力等。这些只是过去狭义上的传感器，今天传感器的概念要广得多——任何能够采集数据的设备都是传感器。

我把各种和我们日常生活相关的传感器从大到小列举了一下：

- 智能汽车。虽然这些汽车内部有很多传感器监控它的运行情况，但是它本身也是一个传感器，收集我们使用汽车的全过程，并且跟踪我们某些生活习惯。
- 工业控制设备。这个比较好理解，因为控制通常都需要从传感器获得输入信号。
- 智能家电和智能家居。比如我们在前面讲到的饮料机，以及现在很多人家使用的能够被智能 App 控制的各种家电设备。
- 智能手机。它们无时无刻不在收集我们的数据。
- 监控设备。比如大量的、各种各样的摄像头。
- 可穿戴式设备。除了大家熟悉的智能手表、手环，还包括能监控我们身体的医疗设备，比如监控我们体内血糖水平的隐形眼镜。此外，今天一些植入体内的医疗设备，比如心脏起搏器，其实也是传感器，它们可以记录至少半年以上使用者心脏的活动情况，并且能通过无线通信输入医院的计算机中。

各种网络设备本身（比如路由器）也是传感器，它们不仅记录我们使用网络的情况，而且还会监控我们浏览和传输的数据。10 多年前，在美国出现过网络运营商对一些用户关于传播盗版内容的法律诉讼。这些用户感到莫名其妙，因为他们没有做那些事情，而他们被起诉的原因是因为使用了 P2P（个人对个人）的软件（比如电驴），让自己家里的计算机成为盗版内容存储和传递的中介。在这里我想说的不是这样的指控本身是否合理，而是说我们上网的行为其实是受到各种网络设备监控的。

这么多传感器的出现，使得世界上的万物连到互联网上成为可能。这里我说的“万物”范围之广泛可能超出你的想象，比如很多动物和植物也被列入其中，连到了网上。我们不妨来看几个例子。

2019 年，中国很多地区暴发猪瘟疫，不得不杀掉大量的猪，这给猪农和保险公司都带来了很大的损失。控制猪瘟疫损失一个有效的办法是第一时间发现感染病毒的猪，并且杀掉那一栏猪，避免瘟疫的传播。这件事靠经验是做不到的，因为在猪发病的开始阶段，人是看不出征兆的。但是如果给猪测体温，并且监视其进食，就能够在早期发现问题。2017 年，国内一家从事这项研究的企业获得了风险投资。该企业给每一头猪都装上了能测体温、监控进食等日常活动的可穿戴式设备，在猪栏的上方安装了能接受相应信息的设备和红绿预警灯，一旦发现某只猪体温异常或者生理活动异常，预警灯会马上预警，猪农便可以在第一时间采取行动。

既然能够把猪连到互联网上，就能把其他家畜连上去。2017 年，京东公司向贫困地区的农民免费发放了 100 万只鸡苗，要求饲养户放养。这些小鸡的脚上都装了可穿戴式设备，以便确保它们要跑到 100 万步以上。由于这些鸡有“身份验证”，很多人愿意出高价购买。

不仅实物可以通过传感器连到互联网上，而且通过 IoT 的设备，空间地点也将成为网络中的一个终端节点。今天的智能停车场就是通过传感器让每一个停车位上网，这样可以方便我们寻找和预订停车位，而找停车位几乎在世界各地都是一个费时间的事情。在交通不太拥堵的美国，当大型多层停车场内装上传感器和空位指示灯后，每个人平均能节省 5 分钟。据驭势科技公司的创始人吴甘沙先生讲，在北京这样出行难的城市，找停车位更是占据了开车出行时间的 20% 以上。这不仅浪费大家的时间，还造成了不少的汽车尾气污染，因此任何能够方便寻找停车位的技术，都会给社会带来很大的益处。

不仅车位能够被 IoT 设备连接上网，座位以及座位上的人也能够通过监控摄像头成为万物互联的一部分。2018 年国内媒体报道了杭州一所中学通过教室里的智能摄像头，监控每一个学生在课堂的表情，促进教学改进。据澎湃新闻报道，该系统可以根据学生的 6 种行为对每一个学生上课的表现进行评测，可以看到哪些同学在专注听课，哪些同学在开小差。虽然每一个学生身上没有可穿戴式的 IoT 设备，但是，教室的 IoT 设备监控到了那些坐在特定位置上的人，然后将他们（或者说相应的位置）联上了网。这件事情被报道出来之后，社会上产生了对学生隐私问题的担心。然而学校声称，该系统并不对课堂教学进行实时录像，只是统计学生对老师教学的实时反应，帮助老师改进教学，也督促学生改进上课习惯。关于这件事情中所涉及的隐私问题我们后面再谈，不过是就广义的传感器的普及性来讲，它们可以说是无所不在。不过和 10 年后相比，今天仅仅是一个起步阶段。

上述传感器都还是有源的，也就是说是需要供电的。但是另一类传感器则是无源的，它们可以通过周围电磁场的变化被动产生电流，实现数据的读写，其中的代表就是前文提及的 RFID。

RFID 的用途非常广泛，比如前文提及的贴到商品上，今天酒店里没有磁条的房卡，等等。所以如果把这些廉价的无源传感器算上，未来的传感器会多得难以计数。

那么多的传感器都要联网，互联网的架构就必须发生变化，因为目前互联网在设计时只考虑了计算机和移动设备，并不是为万物互联准备的。虽然通过 Wi-Fi 和蓝牙可以实现这些带有传感器的万物互联设备上网，但存在诸多问题。因此，无论从互联网的角度看还是从通信的角度看，都需要全球网络架构进行一次革命性的改变。接下来我们就从互联网的角度和移动通信的角度，来分析万物互联技术。

IoT 是第三代互联网

虽然在局外人看来，计算机技术和通信技术大同小异，但是在各自从业者看来，它们是不同的。从产业上讲，过去的 IBM 公司，今天的微软和谷歌公司，被看成是计算机产业的代表，而历史上的 AT&T 公司，今天的中国移动、沃达丰和华为，则被看成是通信公司的代表。尽管从 20 世纪五六十年代开始，计算机的网络就出现了，而通信的网络历史更悠久，然而由于这两类公司的思维方式不同，企业文化也不同，对网络的看法也不一致。直到今天，互联网公司只是把网络当成信息传播的通道，认为提供信息服务才是有价值的事情，因此网络的使用不应该根据流量收费；而电信公司则认为信息的传输才是根本，因此网络（包括移动网络）的使用应该按照流量收费。由于这些差异的存在，直到21世纪之前，世界上计算机的网络（互联网）和电信的网络虽然有交集，但各自相对独立。但是到21世纪之后，特别是移动互联网兴起之后，它们的融合便成了趋势，这一点我们后面会讲到。不过，在这一节和下一节中，我们还是分别从计算机行业的角度和电信行业的角度来分析IoT。事实上，互联网发展至今已经完成了两代，正向着第三代过渡。

开始的时候，互联网是远程终端和超级计算中心大型机之间的联网，后来演化成个人计算机通过服务器彼此相连。因此，第一代互联网从本质上讲是计算机和计算机的联网。每一个使用互联网的人，身份只有通过账号加上IP（互联网协议）地址来确认，也可以说，人通过互联网相连是间接的。在21世纪之前，你上班登录邮箱查看邮件或者登录QQ聊天，下班时离开了计算机，开车回家或者坐地铁回家就离开了互联网。直到吃完晚饭，做完家务事，再坐回到计算机旁边，你才算是又回到互联网上。

第二代互联网是我们今天大部分时候使用的移动互联网，它的本质是人和人的相连。虽然从形式上讲，联网的设备由过去的PC机变成了智能手机，连接的方式从物理的网线变成了空间振动的无线电波，但是在移动互联网时代，每个人要找的不是对方的手机，而是要找对方那个人。你见到一个新的朋友，提出要扫一下微信二维码，这不是为了让你的手机能够连接上对方的手机，而是要随时找到那个人。这样除了带来了便利性，还带来两个结果。

第一个结果就是，网络上的人和真实的人基本上是一致的（现在新增手机号用户都要求全面实施真实身份登记），这一点在 PC 互联网时代是很难做到的。因此，那个时候 QQ 后面的人可能是假的，很多诈骗源于这个机理在网上进行交易，所以那时一直面临一个能否信任对方的问题。雅虎在 2001 年互联网泡沫破碎之前曾经提供类似 eBay 的交易平台，但是因为无法确认屏幕背后的人，难以制止虚假交易和诈骗行为，很快就停止了服务。由于欺诈的人被封号之后可以换一个账号又回来，反欺诈的成本极高，那时大部分电子商务网站都是因为这个原因（而非价格竞争）办不下去的。

移动互联网连接真实的个人的特点，不仅让电子商务变得容易，而且人的真实身份和网络身份的一致性，使得移动支付成为可能。因为实时确认身份离不开互联网。当然，如果一个人在网络上发表了违反法律的言论，他也会被发现并且被处罚，不像在第一代互联网时代，大家可以在网络上胡说八道。

上述特点带来的第二个结果就是，每一个人的线上行为和线下生活可以很好地融合。今天网上打车，线上线下相结合的电子商务，人的定位，都和它有关。因此，以移动互联网为特征的第二代互联网并非是简单地将联网设备由个人计算机变成了手机，而是在连接人的方面有本质性的突破。

第三代互联网就是万物互联的 IoT。虽然从连接的对象上看，它只是加入了各种东西，包括带有可跟踪设备的智能物件，被监控范围内的所有东西，甚至像停车位那样的空间。但是从连接的本质上看，之前是孤立的、不连续的连接，现在是可以全时的、全程跟踪的连接。在 IoT 时代，每一个人在社会上（不仅仅是在网络上）会有一个完整的画像，这个画像可能完整到我们自己都不会相信。这件事你喜欢也好，不喜欢也罢，它正在发生，而且随着万物互联的普及，这些连接会越来越完整。

在这些连接中，人依然是一个中心，虽然不再是唯一的中心。今天任何一架商用客机的发动机，里面都有 1 000 多个传感器，它们对发动机的各种工作情况，甚至机身外部条件（比如空气的温度和湿度）都在进行随时监控，每天产生的数据超过 1GB。这样一来，一旦发动机有了小故障，就能及时发现并且定位问题所在。类似地，特斯拉汽车里面有几百个传感器监控汽车运行的情况，并进行行车记录，包括司机有没有手扶方向盘等细节。一旦出现问题，厂家就可以马上定位问题的原因，而不需要像其他汽车维修中心那样先花一两个小时找原因，甚至半天找不到问题所在。在这些应用场景里，发动机、汽车都成了中心。我们在前面讲的改造酒吧的案例中，传感器可以跟踪每一瓶酒在酒吧中完整的生命期。小小的一瓶酒其实也是 IoT 网络中的节点，它们放到一起，就构成了酒吧这个网络上的有机体。我们后面还会讲到无人售货的商场，那里面每一个贴了 RFID 标签的商品也是一个节点，将来利用区块链技术，就可以跟踪商品从生产到交付再到顾客手中的全过程，顾客也可以溯源它的产地、流通过程，核实真伪。千万亿件进入超市的商品在互联网上都会留下它们的痕迹，这些痕迹合在一起，构成了商场这个有机体的全记录。

从第一代互联网到第二代，再到第三代互联网，每一代都需要三个关键技术：网络的基础架构和通信技术、操作系统、核心芯片。关于网络的基础架构和通信技术，我们放到下一节详细介绍，在这里我们重点讨论一下操作系统和核心芯片。要理解这些，我们就要从技术革命的预先要求（Pre-requirements）说起。

互联网的发展过程涉及很多技术，当这些技术都发展成熟之后，互联网的发展才有了飞跃。这些技术就是互联网普及的预先要求。从更普遍的意义上讲，任何重大的技术革命，发生的前提是各种预先要求先得到满足。当然在各种预先要求中，有些技术是能够彼此替代的，有些则是绕不过去的关键环节。谁掌握了关键环节，谁就成了技术革命的主宰。对于第一代互联网来讲，通用的操作系统和处理器是绕不过去的环节，因此那个年代被称为 WinTel 时代，也就是微软的（Windows）操作系统加上英特尔（Intel）的处理器。对于使用者来讲，其他产品——从上网的设备（个人计算机）、服务器到通信设备——都有很多选择，彼此是可以相互替代的。

到了第二代互联网时代，也就是移动互联网时代，虽然采用的技术有所变化，主要的从业公司和第一代互联网时有很大的不同，但是技术和产业的格局并没有大的变化，即谷歌的安卓操作系统和英国的 ARM 分别取代了原来微软和英特尔的位置。当然，和英特尔所不同的是，ARM 本身并不制造芯片，只提供芯片设计技术，因此从收入来看，它和半导体行业中的巨无霸企业英特尔不能相比；但是从对技术的把控来讲，它起到了当年英特尔决定技术走向的地位。

为什么哪一代的互联网都不允许有多种操作系统或者不同系统结构的处理器并存呢？这就涉及商业的成本和研发的效率了。移动互联网早期确实一度出现过 5 种不同的操作系统，除了今天依然能够看到的安卓和 iOS 之外，还有诺基亚的塞班、微软的视窗和黑莓自己的操作系统，且彼此互不兼容。如果这 5 个操作系统并存，App 的开发者要想同时开发 5 种版本，成本是极高的，这样移动互联网就发展不起来了。如果开发者只将资源保证为一两个操作系统开发软件，其他操作系统也就自然而然地被淘汰了。

不仅单独另外搞一个操作系统没有意义，在安卓这样的开源操作系统基础上创造一个分支都是无法长久存在的。事实上，当安卓操作系统出现时，中国移动等一批运营商就想利用其开源的特性，做自己的操作系统，但是很快发现这条路走不通。因为一旦分叉出去，将来安卓更新了版本，就需要花很多资源更新自己的版本，做到和安卓兼容。如果一旦不兼容，结果就不会比微软和诺基亚更好，因此最好的办法不是另搞一套，而是直接采用安卓。

对于处理器芯片也是如此。今天的计算机处理器不可能像 20 世纪 60 年代那样自成体系，单独发展，因为它们是和操作系统深度结合的。要想单独维持一种系统结构和别人不同的处理器，就需要发展出完整的 IT 生态链，这个工作量即便是三星这样著名的半导体企业，也是无法做到的。事实上在互联网时代，太阳公司、摩托罗拉和 IBM 都曾经试图独自开发处理器，但是因为无法融入 IT 生态链，最终都失败了。在移动互联网刚起步的阶段，英特尔曾经试图基于它原有的

x86 系统结构设计一种低功耗的处理器，从中分一杯羹，但事实证明这种努力是徒劳的。

在前两代互联网时代，唯一一家例外的公司是苹果，它自成一体，有自己完全封闭的生态链，但是这条生态链非常细长，我在《浪潮之巅》中将它比作带鱼。苹果的成功有很大的偶然性，即乔布斯个人在将技术和艺术相结合方面无人能复制的眼光。事实上，在乔布斯之后，苹果公司其实是在吃老本，没有什么重大突破，以至在移动互联网时代的市场份额中不断下降，走到了在第一代互联网时代输给微软的老路上。

需要指出的是，从第一代互联网到第二代，控制处理器和操作系统的企业都发生了变化，这是历史的必然性。从单纯技术的角度讲，第二代互联网，无论是操作系统还是处理器芯片，单位能耗的信息处理能力都比第一代时提升了将近一个数量级，这才让手机充一次电能够使用一整天，而且相比个人计算机，信息处理和传输能力没有下降。事实上，20 世纪之后衡量科技进步水平的一个重要尺度，就是单位能耗的信息处理能力。关于这一点，大家可以参看拙作《全球科技通史》。此外，如果我们对比第二代互联网和第一代互联网的上网设备制造商，即个人计算机的制造商和今天手机的制造商，就会发现它们不是同一批公司。尽管惠普、戴尔以及联想在很早就看到了智能手机在未来的重要性，并且很早进入这个行业，但是做得都不成功。联想是今天中国手机企业中最没有亮点的，而惠普和戴尔则在初期尝试失败后，干脆放弃了这个市场。技术革命所带来的产业格局的变化，给新一代公司带来了希望。华为、小米、vivo 和 OPPO 都是新一代互联网兴起的受益者，这就如同当初戴尔、联想和惠普取代 IBM 和 DEC，成为第一代互联网的受益者一样。

至于为什么必须由新的公司完成更新换代的革命，这是由企业的基因决定的。简单地讲，这就如同体积庞大、适应了温暖潮湿气候的恐龙，无法适应低温干燥的冰河时代一样。关于企业的基因决定论，我在拙作《浪潮之巅》中有详细的论述，这里就不再赘述了。

到了第三代互联网，也就是 IoT 时代，需要有新的处理器和操作系统。从单位能量的信息处理能力来讲，它需要比第二代基于 ARM 的处理器提高很多，可能至少要提高一个数量级，才能满足 IoT 设备的需求。由于今天 IoT 设备的数量巨大，无论通过导线提供电能还是经常更换电池，都是成本很高的做法，所以我们希望很多 IoT 设备，比如智能水表，能够做到终身不换电池。[①] 这就需要未来的处理器和传感器功耗相比今天有大幅下降。类似地，IoT 时代还需要新的操作系统诞生，当然在此之前需要新的通信标准。所幸的是，直到今天，这两个未来龙头企业的位置尚属空缺，这让很多企业有了遐想的空间。类似地，第三代互联网的兴起也会催生出新的设备制造公司，这就如同在移动互联网时代出现了小米、vivo 和 OPPO 一样。同时，华为和三星也是利用这个时代完成了企业的转型。当然，第三代互联网出现之后能够带来多大的商机，取决于这个市场本身有多大，这一点

---

① 据世界上最大的 IoT 芯片制造商 Cirrus Logic 公司主管泰森·塔特尔（Tyson Tuttle）先生介绍，今天为智能水表专门设计的芯片，可以做到使用一节锂电池能够持续工作 20 年。

我们在后面再分析。但是在这里我们可以先给出一个结论，那就是市场巨大，远比今天的互联网市场大得多。

5G 不只是比 4G 多 1G

第三代互联网要想普及，还需要对全球的移动通信网络进行进一步的升级。

今天 5G 是一个热门的话题。为什么我们需要 5G？很多人说网速快，其实 4G 的网速在绝大多数情况下已经足够用了，即使看高清视频也足够快。实际上，今天对很多人来讲，4G 的流量太贵才是无限制上网的主要障碍，而非网速。某些地方信号不好上不了网，那不是技术的问题，而是基站建设和网络基础架构建设的问题。

今天只有在一种特殊的情况下，4G 移动通信网络不够用，那就是在一个很小的区域内，如果有太多人要上网，比如我们在前面第六章中提到的上万人在一个会场里的情况。这个道理其实很简单，根据信息论中关于信息传输率的香农第二定律，当试图用比信道容量更快的速率传输信息时，出错率不是 1%、5%，也不是 20%、50%，而是 100%。也就是说，那时没有人能够上网。我们今天采用的 4G 通信，基站覆盖半径通常在 1.5 千米左右（4G 基站之间的距离通常在 2~3 千米），在城市里可能会更密集一点。而在这方圆一千米的范围内，总人数是有限的，并且人们也不会同时上网，因此分给每个上网人的带宽是够用的。但是，遇到上述情况时，所有人加在一起总的传输率就超过了信道的总带宽，导致大家无法上网。即便总的传输率略低于信道的容量，由于信息在传输的过程中难免要出错，需要重传，当信道很忙碌时，错误率会很高，通信就极不稳定。理解了这一点就不难想象，当 IoT 开始普及，如果在一个范围内要同时上网的设备数量增加两个数量级（100 倍左右），那么今天的 4G 网络是不够使用的，就会出现像前面说的那种“会场拥堵”的问题。这时候，就需要总的传输率更快，而且并发处理通信请求能力更强的移动通信网络了。我们把新的网络称为 5G。

从 4G 到 5G，通信带宽增加是最明显的特征，这一点是怎么做到的呢？有人觉得多建基站，提高基站的功率，这其实是误解。功率的提高虽然能够让远离基站的地点信号增强，网速有所改进，但是一个基站所能提供的总的通信量是一个常数。至于单纯增加基站的数量也是不可行的，因为基站之间会打架。更何况，在城市里，太多大功率的基站会让周围的电磁波辐射太强，对人也不安全。谁要是不相信可以戴一个（封闭的）金手镯到发射塔下面站一会儿，手肯定就会被烧伤。因此提高移动通信的带宽需要想别的办法，所幸的是香农早就告诉大家答案在哪里，那就是提高无线通信的频率范围。

无线通信的频率是无法向下扩展的，一是因为那些频率已经被占用了，二是因为能够扩展的范围有限，因此它只能向上扩展，也就是让无线电波的频率增加。目前华为提出的过渡型 5G 标准频率是 6GHz（吉赫），比目前 4G 标准所采用的 2GHz 上下的频率要高得多，而高通提出的 5G 最终标准采用的频率高达 28GHz。我们知道，无线电波的频率越高，它绕过障碍物的能力就越差，比如说当它被提高到可见光的频率时，你随便用张纸、用块布就能挡住它。当然我们今天无线通信的频率还没有这么高，但是在城市里高楼大厦会严重影响通信。怎么办？最简单的办法就是在提高通信频率的同时，把基站建得非常密，这样你的附近就有基站，而通信信号也不需要传太远。

按照目前对 5G 网络的设想，基站之间的距离将从过去 2~3 千米锐减到 200~300 米，这样就带来了三个明显的好处。首先，采用了更高的频率通信所带来的受建筑物干扰的问题，因为通信距离的缩短可以被解决。其次，更少的人分享带宽。我们假定在大中城市里半径一千米范围里的人口是 1 万人，那么方圆百米范围内就会下降到 100 人。这样每个人能够分到的带宽就可以增加两个数量级。最后，由于基站的通信范围可以从 1 千米减少到 100 米，功率可以降低两个数量级。这样，虽然城市里基站的数量增加了百倍，但是电磁波辐射反而大大地下降了。当然，有了 5G，我们前面讲到的各种有关 IoT 的需求就都能够满足了。这便是从通信的角度来看待 IoT。

结合我们前一节所讲的内容，第三代互联网和 5G 其实是两类不同行业的人，从两个不同的视角解读 IoT，以及由它推进的技术革命。那么这两种视角是否有足够大的交集，甚至能否相融呢？答案是肯定的。事实上，从 1G 到 4G，虽然从用户的角度讲只是移动通信速度的增加，但是从技术上讲，这种变化有两条主线，一个是标准的进步，另一个则是网络的不断融合。

我们还是先从 1G 说起。

世界上最早的民用移动通信电话是由摩托罗拉公司发明的。在1967年的国际消费类电子产品展览会（CES）上，最吸引眼球的是由它推出的第一代商用移动电话的原型。当时一部这样的电话售价2 000美元，重达9千克！但是几年后，当它开始在市面上销售时，其重量就降到了不到3千克，当然售价还是很贵。在摩托罗拉之前，AT&T是世界电信产业的霸主，它也不觉得移动通信有什么必要性。如果大家不愿意坐在椅子上打电话，使用无绳电话就好，因此它对于移动电话的判断是，使用者不会超过100万。当然后来的结果大家都知道，AT&T作为通信技术的引导者错过了那一次机遇，而摩托罗拉从此成为移动通信的领导者，并且主导了第一代的移动通信标准的制定。

移动通信从一开始，其实就是无线和有线的结合。基站和手机之间是无线通信，但是基站之间却是通过线路连通的。这样做有很多好处，不仅把空中有限的带宽用于手机的通信，可以让更多的手机入网，而且保证了基站之间通信的稳定。进入20世纪80年代，诺基亚等公司就开始研制新一代的移动通信设备并且提出新的移动通信标准。1991年，它们开始投入使用。为了区分这两代不同的移动通信标准，以前的被称为1G，即第一代的意思，新的则被称为2G。

从表面上看，2G手机比1G的大哥大手机（见图7–2）要小很多，更省电，而且收发短信方便。从技术上讲，1G是模拟电路的，2G是数字电路的，而数字电路本身受益于摩尔定律，能够以非常快的速度迭代。在2G手机中，一个专用芯片可以取代过去大哥大上百个芯片。

图 7–2　大哥大手机

再往后，使用更有效的 CDMA（码分多址）标准的 3G 移动通信出现了，信息的传输率提高了一个数量级。这是一个飞跃，它使移动互联网得以实现，从此手机的语音通话功能降到了次要位置，而数据通信（包括浏览网络）成为主要功能。但是，从 1G 到 3G 都存在一个大问题，那就是移动通信的网络和原有的通信网络虽然能够彼此相通，却彼此独立，移动通信的网络并不依赖于已经搭建好的通信网络自成一体。今天我们回过头来看这件事会觉得有点荒唐，但是如果我们了解了当时以摩托罗拉和诺基亚为代表的移动通信公司和以 AT&T 为代表的传统电信公司是多么水火不容，就不难理解这一点了。事实上，在从 2G 到 3G 过渡的时代，摩托罗拉公司甚至搞出了一个铱星计划，通过 66 颗卫星建立一个完全独立的移动通信网络，完全不依赖于现有的电话系统。铱星计划最终破产了，这倒不是摩托罗拉的技术不够好，甚至不是像一些人想象的那样因为用户数量不够不能让成本降下来，而是这个计划从一开始就违背了单位能量传递信息必须越来越有效的科技发展的大趋势。

3G之前相对独立的移动网络不仅存在巨大的通信效率问题，而且它无法受益于网络技术的快速迭代。基站之间的带宽不足，再加上手机端到端的通信要经过好几级的转发，从图7–3中可以看出手机之间通信其实是非常复杂的。

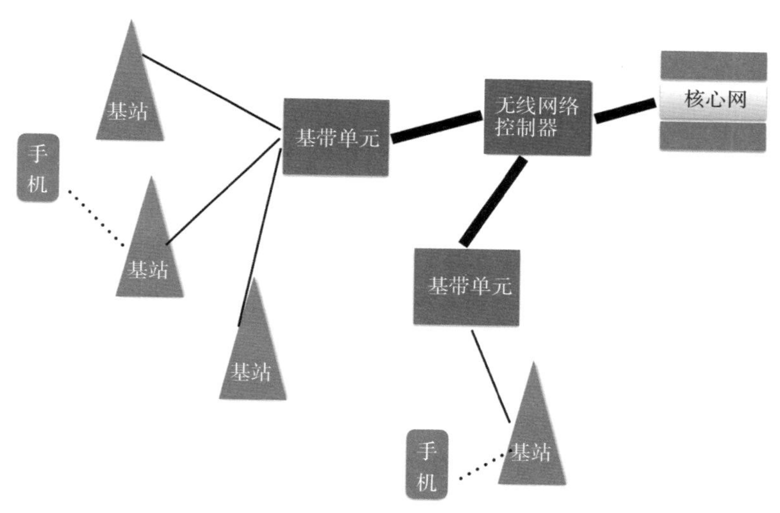

图7–3 2G/3G时代移动通信网络示意图

从3G到4G，虽然基本上沿用了原有的基站，但是网络结构却有了巨大的改进。不仅基站之间光纤的带宽增加了，端到端通信时的信息转发次数减少了，而且它利用了互联网和电信网络的最新技术，比如采用了分布式基站的架构，通过云计算实现了很多虚拟化，以增加灵活性和网络各个基带的流量平衡。总之，网络技术的融合使4G的速度比3G快很多。

但是 4G 依然没有将所有的网络融合到一起。今天我们其实还在使用两个移动互联网，在外面我们使用 4G，回到家里使用 Wi-Fi。对于前者大家要按照流量付费，而对于后者基本是包月。这种不一致源于我们前面讲到的电信公司和互联网公司的差异。在 4G 时代，只要是在家用网络稍微多一点的地方，都需要有入户的光纤和 Wi-Fi 路由器，而不能所有上网都使用 4G。但是到了 5G 时代，我们可以将间隔距离只有百米的基站看作大功率的 Wi-Fi，这样对大部分家庭来讲，家里的网络和社会上的 5G 网络就可以合二为一，除了需要传输极大数据量的个人和企业还需要专门连入光纤，大部分人使用 5G 网络就可以解决所有的网络问题。从此，互联网产业和通信产业就会融合为一个更为完整的产业。

从 1G 到 5G 的发展可以看出，网络的发展是朝着不断融合的方向前进的，任何试图搭建一个独立的、单纯基于无线技术的努力都是逆流而为。今天，依然有一些人试图再开发类似于铱星的通信系统，希望用它来覆盖全球的通信。这类的新闻让很多不懂技术的人感到兴奋，甚至投资，但这完全是逆流而动。且不说卫星通信的带宽要比手机和基站通信窄得多，能够服务的手机数量极少，就算手机和卫星通信没有问题，卫星之间的通信可比基站之间的带宽低好几个数量级，卫星本身会成为瓶颈。就算卫星不是通信的瓶颈，天上几万颗卫星和中国地面上 650 万个（2018 年的数据）由高速光纤连接的基站也没法比。这还没有考虑由于卫星通信距离遥远，再加上容易受气候因素干扰，通信的稳定性非常差（误码率很高所致）。因此，虽然我们有时可以讲情怀，但是搞工程还是要讲科学基础的。对这种逆潮流而为的所谓创新的态度，是衡量每一个人科技素养的试金石。

最后，让我们一同来思考一个问题。有了5G之后，是否还需要光纤通信？答案是，不仅需要，而且还要大幅度提高。因为当我们的移动设备和IoT设备信息传输量剧增后，基站和基站之间的通信带宽就必须相应增加。虽然从理论上讲5G的信息传输率可以是4G的几十倍，但是这件事只有当主干网的带宽跟上之后才会成为可能。今天一些企业出于宣传的目的讲测试出的5G速度是4G的上百倍，那是因为其他人没有进行同样的数据下载，否则，要么主干网拥堵导致所有人都无法通信，要么大家依然使用4G的传输速度。目前，5G的布局刚刚开始，真想达到大家理想中的便利性，还有很多工作要做。

区块链≠虚拟货币

从2013年开始，比特币这种既没有政府信用背书，也没有实体价值支撑的虚拟货币忽然被炒家从每个三十几美元，炒到了上千美元，很快又飙升到近2万美元，随后各种类似的虚拟货币都从地下冒了出来。在2017年虚拟货币泡沫的高峰，各种虚拟货币的价值高达5 000亿美元。5 000亿美元是什么概念？全世界全部的对冲基金加起来不过1万亿美元。在2017年下半年到2018年初虚拟货币最热门的时候，中国的一些投资人和企业家会熬夜到凌晨4点在网上讨论虚拟货币的问题，而他们在此之前从来没有为自己的公司或者基金如此努力地工作过。2018 年下半年，虚拟货币又一跌千丈，绝大部分直接清零退场，就连以太坊（一个开源的、有智能合约功能的公共区块链平台）的创始人也高位套现，落袋为安。那时虚拟货币的持有者被人嘲笑为（被割的）韭菜。到了 2019 年上半年，因为比特币的再次爆热，以及 Facebook 推出 Libra（一种虚拟加密货币），让很多人又像打鸡血一样兴奋起来。

但是到了这个时候，无论是赌徒、投资人还是真正的技术开发者都在感叹看不明白了。比特币本身到底是否有价值不是我们讨论的话题，其实它最大的价值在于其背后的一项技术——区块链。区块链技术在未来将改变世界。也正是因为看到了这种可能性，2019 年底，中国官方正式肯定了区块链技术，并且决定在未来深入研究和大力发展这项技术。

虽然区块链在最近几年一直是一个非常热门的词汇，但是大部分人对它的实质并不了解。区块链的英文由两个英文单词 block 和 chain 组成，顾名思义，它应该包含两个方面的意思。block 即模块、单元的意思，媒体上通常将它翻译成“区块”，它不仅能够存储一个账户自身的信息，而且能够存放相关账户所有的交易细节。chain 是链条的意思，它把存放在各个区块交易的细节串联起来，这样通过链条就能找到相应的交易记录。因此有些人将区块链比喻成一个不断更新的账本，是有一定道理的。

区块链与普通账本的区别

事实上，区块链和普通账本有 4 个根本的不同之处，我们以比特币的工作原理来详细加以说明。

首先，它让数据具有唯一性。一枚比特币在被创造出来的同时，记录它原始信息（简单讲，主要是一个很长的随机数）的区块也就产生了，并且加入整个区块链中。由于标识比特币的随机数字很长，长到两个比特币不可能“恰巧一致”，就如同我们每一个人在出生时不会有相同的 DNA 一样。如果我们将这种技术用于其他数据，就能让每一份数据具有自己特定的标识。比如张三和李四都从亚马逊购买了一本电子书，这两本书会具有完全不同的标识，尽管其文字读起来似乎是相同的。

其次，它让数据不可随意复制，交易记录也无法篡改。通常的数据都是可以复制的，这种特性既给我们带来了方便，也让我们难以对数据进行保护。我们知道，如果当复印机能复印出和原来一样的钞票时，钞票就毫无价值了；同样，如果数据也能够这样随意被复制，它也不可能有价值。而比特币的协议和交易方式，恰巧杜绝了这种随意复制数据事情的发生。在比特币的交易过程中，如果张三把一枚比特币给了李四，这件事就要通知到所有的服务器（也就是矿机），并且记录在区块链中。由于在比特币的区块链中，我们只能添加信息，却不能覆盖或者篡改原有信息，因此张三就无法再将这枚比特币交给王五或者其他人了。当我们采用区块链管理信息之后，一旦有人试图复制信息，这件事也被记录下来，并且被视为偷盗数据的行为。

再次，区块链技术可以让拥有数据和验证数据这两件事分开。在比特币的交易中，比特币的拥有者张三会给接受者李四一个公开密钥（后文简称“公钥”），后者只要根据这个公钥，验证张三的钱包里确实有这枚比特币就可以了，而不需要了解这枚比特币全部的信息。这一类的应用其实在比特币出现之前就已经有了，比如文件的电子签名便是通过这种方式实现的。但是在区块链出现之前，公钥的这种性质并没有被广泛应用，主要是因为没有一套完整的系统让互联网的信息都采用这种方式。区块链作为一个完整的系统，有可能让各种信息受到上述技术的保护。

区块链作为一种特殊的账本所具有的这些特点，使得它在信息技术方面可以有很多应用。虽然这些特点最初都是通过比特币的交易向世人证明的，但是这些技术本身完全可以用于加密货币之外的其他领域，因此我们不应该将区块链技术和比特币本身等同起来。

在区块链的应用中，特别要指出的是将拥有信息和验证信息分开具有非常重要的意义，这也是今后将各种有价值的数据变成数据资产的技术前提条件。今天绝大部分大数据应用的场景，只需要验证数据，并不需要拥有数据。比如你想知道我周二上午是否打算出席某个活动，只要向我的秘书确认就好，不需要查看我全部的日历。类似地，今天绝大多数大数据的应用，只需要向数据的所有者询问部分数据项，或者确认一些信息即可，完全没有必要将全部的数据都拿到自己手上。以这样的方式使用数据，才能将数据的所有者和使用者这两种不同的角色分开。

最后，区块链中的“区块”，还可以被看成一种（基于算法的）智能合约。比特币的交易之所以能完成，不是通过人将一个硬币交到另一个人的手上，而是基于大家都认可的一种算法。所有的交易都是按照算法一步步地自动被执行的，而且原始合约本身是无法更改，也无法人为干预的。区块链的这种性质就可以用来解决前面提到的商业纠纷。在制定合约时，交易的细节可以规定得很具体，然后自动执行，中间的经手人无法干涉和改变，我们平时经常遇到的拖欠款项和人工费的问题就可以迎刃而解。在后面我们会通过具体的案例来讲述区块链是如何帮助合同自动执行，降低商业成本的。

当然，在未来区块链所有应用中，能够对整个社会产生最大影响的，可能当属将我们今天的大数据变成数据资产了。这件事情的达成将使社会的财富剧增，同时数据的所有者、管理者和第三方也都将受益于数字资产。

从大数据到数据资产，再到数据资本

10 年前，大数据还是一个时髦词，但是今天人们再谈起这个词的时候，会感觉有些老生常谈了。从这个角度讲，大数据已经是昨天的概念了。今天，一些人喜欢谈论的是能否将大数据变成一种资产。不少人认为，这件事完全有可能发生，因为数据像钱一样重要，于是数据资产成为今天热门的概念。但遗憾的是，直到今天，虽然大数据已经在社会生活中产生了巨大的作用，但是它还不是像钱那样真正的财富。比如我们的个人数据对我们自己来讲就没有产生什么价值，而我们也无法拿着个人数据做抵押贷款，因此它并不具有资产的特性。在最近两年里（2018—2019 年），我对我的学生们——大约 100 多名创业者和 EMBA（高级管理人员工商管理硕士）学员——进行过多次调查，问他们是愿意接受 100 万元真金白银的投资，还是用淘宝上 100G 的数据来替代投资，95% 的人都选择前者。这些调查虽然样本数不算太大，但多少能说明一些问题，那就是在他们看来，数据虽然有用，但是似乎还不能算是资产，至少不是很值钱的资产。

是什么原因妨碍了数据成为资产的呢？从法律上讲，数据的所有权不清晰；从技术上讲，无法防止数据无成本的复制。这是两个最主要的原因。

我们先来看看所有权（或者说产权）问题。今天几乎所有数据都存放在大公司的服务器上。虽然像谷歌和亚马逊这些公司明确表示数据的所有权归用户，它们只是使用数据改进产品和服务，但是实际上用户并不真正拥有数据。至于国内那些拥有大数据的平台公司，绝大部分甚至连这样公开的表态都没有。因此，大家其实都心知肚明，谷歌、亚马逊或者腾讯、阿里巴巴，它们才是数据的真正拥有者，但更重要的是它们在管理和使用大家的数据。在这种情况下，如果非要说数据是资产，那么它的产权就有了问题。如果说产权归用户，用户并没有支配权；如果说产权归那些公司，从道理上是说不通的，用户肯定也不认可。既然产权都不清晰，这样的数据自然就不可能成为资产了。

和数据产权所不同的是，银行里的钱、房地产或者古董，它们的产权就清晰很多。你在银行里存了 1 万元，它的产权无疑属于你而不属于银行，银行只是它的管理者。当银行将这 1 万元贷给了一家建筑公司，建筑公司就是使用者，它要支付相应的贷款利息。银行在扣除了你的资产保管费（也就是利息差价）之后，也要把余下来的利息所得支付给你。当然，如果你在银行开一个保险柜，存放了 1 万元的黄金首饰，它的所有权也很清晰，即属于你个人，银行只是管理者。因为黄金首饰无法作为资本进行投资，所以你不仅拿不到利息，还要付管理费。类似的还有其他资产，比如房地产，产权都很清晰，如果它被用来获利，你作为所有者是有现金回报的。比如你买下一栋小公寓楼，交给某个快捷酒店管理集团经营，你是所有者，管理集团是管理者，租客是使用者。后者向管理者付钱，而管理者在扣除管理费后，将一部分收益分给你这样的所有者。这种所有者、管理者和使用者的关系，是资产的各个关联方所应有的关系。

今天的数据显然不具有这样的产权特征，那些在实质上拥有大数据的公司是最大甚至是唯一的获益者，它们的商业合作伙伴也可以通过资源交换获得利益。但是，所谓的所有者，也就是用户，其实不仅无法获得利益，甚至会因为价格歧视或者个人信息泄露而利益受损。

除了所有权问题，数据容易被复制的问题也很好理解，这里就不做展开。因此，到目前为止，数据完全不具备资产的基本特征。数据要想成为资产，需要在法律和技术两方面都得到相应的保障。

我们先来看法律层面。一些人幻想着目前拥有大数据的公司可以自我约束，为大家做好事，但这不过是一些人的一厢情愿罢了。事实上，从美索不达米亚有泥板记录开始，完全利他的商业行为就没有多少记载。马克思对于资本的一段评论至今依然准确，他在《资本论》中引用英国工人活动家托·约·登宁在《工联和罢工》中的一段话讲，“（资本）有 20% 的利润，它就活跃起来；有 50% 的利润，它就铤而走险；为了 100% 的利润，它就敢践踏一切人间法律……”[①] 拥有大数据的公司不会放弃以此谋取利益，唯一可行的解决方案就是利用公权力来制约这些公司的权力。

2018 年，欧盟开始实施《通用数据保护条例》（General Data Protection Regulation，简称 GDPR），在法律上为鉴定数据所有权和保护个人在数据上的权益迈出了重要的一步。欧盟在 GDPR 中明确规定，数据的所有权属于数据的提供者，比如大家在谷歌上搜索、在阿里巴巴上买东西，就是在不断提供数据。目前那些大的数据公司是数据的管理者，而谁使用数据收益，谁就是使用者。目前数据的使用者，既包括那些管理者，也包括和它们共享数据的第三方。

此外，欧盟还表明要像管理银行那样管理大数据平台公司。我们知道，今天你把 1 万元存进银行，银行是可以告诉你这笔钱是如何在金融系统中流动的，最后用于什么地方，产生了多少利息。一家银行如果做不到这一点，各国类似银监会的组织是不会让它开业的。但是

① 马克思．资本论：第一卷 [M]. 北京：人民出版社，1975：829.

今天，各大数据公司完全说不清数据的流向，没有人知道具体某个人的数据如何被使用，用于哪些产品，是否真像数据公司所说的那样提高了用户体验。总之，目前就是一笔糊涂账。根据 GDPR 的规定，以后数据公司必须要说得清楚这些事情，并且要自己开发追踪数据使用的工具，以便数据的所有者和监管部门能够了解数据的使用情况。这就是像管理银行一样管理数据公司的意义。

GDPR 第一次明确了数据所有者、管理者和使用者之间的关系，还特别强调了大数据平台公司必须像银行那样接受监管。同年，美国加州也通过了《加州消费者隐私保护条例》（CCPA），并于 2020 年 1 月 1 日已经开始实施。除了有 4 点细节上的区别，CCPA 的原则和 GDRP 是一致的。由于加州不仅是全球第五大经济体，而且也是除亚马逊和微软之外美国所有大型互联网公司的所在地，因此这个条例被认为是美国版的 GDPR。

这些条例排除了数据资产化的法律障碍，但是还远远不够，如果没有技术的保障，它们不过是一纸空文。

我们再来看技术层面，比如，在今天的技术条件下，即使腾讯把每个人的微信数据还给了个人，阿里巴巴把每个人的交易数据也交到用户个人手中，大家在哪里存储这些数据、如何使用它们都是问题，总不能每一个人都将数据存到自己家里，上网购物时再上传到服务器中。更麻烦的是，几乎没有人能够看得懂自己的数据，因为里面的结构太复杂了。最后的结果是，数据烂在手里什么作用也发挥不出来。因此，在法律上明确了数据的所有权之后，还需要有技术手段让数据在不损害所有权的情况下发挥作用。

目前，数据无法资产化的主要技术障碍是，它能无成本地被复制，以至它的价值难以体现。数据具有使用价值这一点毫无疑义，我们整本书都在讲这件事，但是具有使用价值不等于具有价值。世界上任何东西的价值都和其稀缺性是正相关的。根据英国皇家工程院院士郭毅可教授介绍，著名的制药公司葛兰素史克几年前以 100 多万英镑的高价购买了一个罕见的癌症患者的数据。葛兰素史克之所以愿意花这么多钱，是因为该患者患有 6 种癌症，他的数据在世界上几乎有独一无二的价值。相反，如果一种数据随处可见、唾手可得，价值就近乎为零，即便它有使用价值。我们天天呼吸的空气就是如此。

无法确定数据的价值，才是那些创业者宁可要 100 万元的投资，而不要 100G 数据的原因。阿里巴巴如果真拿出 100 万元支持某家电商 A，这笔钱就不可能再用到电商 B 的身上，这是由金钱的不可复制性决定的。但是它把 100G 的数据给了电商 A，同样的数据可以被不断复制后，再给电商 B、电商 C、电商 D……

数据要想成为资产，就要做到不能够随便被复制。而做到这一点，不是像有些大数据公司讲的那样，把数据都放在它们数据中心锁起来就可以了（因为那些公司是信不过的），而需要其他技术保护手段。

解决数据被随意复制的问题，要堵住两个源头，一个是外贼入侵，另一个是监守自盗。例如今天看似安全的银行数据中心，也会隔三岔五地丢失数据，这是外贼入侵的结果；而事实上卖数据给第三方的恰恰是Facebook这样的公司，防止监守自盗，就是防止这样的行为。为了解决这两个问题，区块链的价值就体现出来了。对于外贼来讲，如果我们相信比特币无法破解，就可以相信用区块链技术加了密的信息，即使被偷走一份，外贼也打不开、看不了。对于限制数据的所有者和管理者随意复制数据，目前可能还没有比区块链更好的技术方法。

最初对这个问题有深刻理解的是谷歌前CEO施密特博士，他在2014年就指出："比特币是一项了不起的加密成就，它能创建数字世界中不可复制的内容，具有巨大的价值。"显然，区块链的作用远不只是在各种加密货币上，而是适用于任何数据。当然，有人可能会担心，如果数据不能够被随意复制，是否会影响它的利用。实际上，区块链对此也已经给出了解决方案，就是它能够做到验证数据、使用数据和拥有数据分开。

有了法律对数据所有权的界定，有了区块链这样防止数据随意被复制的技术工具，实现从大数据到数据资产的转变就成为可能。而且当数据的所有权通过区块链交还给所有者之后，其实能够让更多人从使用数据中受益，也让所有者的利益最大化。我们不妨看一个可行的数据共享的例子。

在过去，个人的病历属于医院，患者自己反而拿不到，其他医院也无法利用这个数据进行研究，这无论对于个人还是对医学研究都不是好事。在区块链兴起之后，一些统计学家和生物信息专家就在思考一件事：能否利用区块链中查看数据和验证数据分离的特点，把个人的病历还给个人，然后让患者授权医生使用那些数据信息进行统计研究。这些医疗信息本身会被加密，只有患者本人和被授权查看的医生才能打开查看，一般做研究的人看不到，但是在得到一定的使用授权后，可以通过提问的方式从病历中获得答案。根据斯坦福大学统计系和医学院的教授王永雄院士介绍，美国大部分医生愿意花钱查询他们之前接触不到的病历，每一次查询支付 10~15 美元。如果这件事能够做成，那些患有疑难杂症的病人（对于普通患者，大部分医生可能没有兴趣），据估计一年可以收获 1 万 ~2 万美元的信息费，这些钱可以帮助他们支付医药费。更重要的是，当那些疑难杂症患者的病历被大量医生查看后，有可能为他们找到更多医治的方法。据约翰 · 霍普金斯大学生物医学工程系主任米勒教授讲，在美国，一些疑难杂症，其实 5 年前在某家医院就有了有效医治的方法，但是遇到类似患者的医生通常不知道，因为信息流通不畅，而医疗数据涉及个人最隐私的信息，所以难以共享。如果能够通过区块链解决医疗信息的查询和验证，对于疑难病症，乃至所有病症的医治都有巨大的帮助。

对于大部分人来讲，未必有医生所关心的数据，但是他们的数据依然有价值，并且能够为自己带来利益。这当然也要依赖于区块链技术，或者能够将所有权和使用权严格分开的类似技术。在这样的技术保障下，数据可以真正交还给个人（数据的制造者）。他们授权各种大数据平台来管理数据，并且将数据的价值变现，然后再从使用者的利润中获得自己的一部分。那时，一个人在互联网上的活动越多，积累的数据量越大，他的数据就越值钱，收益也越大，而不是像今天这样，一个人买东西越多，越受到价格歧视。

如果我们真的能往这个方向共同努力，全社会就能够形成巨大的数据资产，再往后，就可能使用数据资产进行投资，那时数据资产就变成了数据资本。当然，我所描绘的前景不可能一夜之间实现，因为今天的区块链技术还非常不成熟，而 GDPR 和 CCPA 等法律的实施也需要比较长的时间。接下来我们就来看看，为了实现这个目标，区块链技术需要往什么方向发展。

未来区块链特征：逻辑上去中心化 + 物理上中心化

今天的区块链技术有很多缺陷和不足，无论从技术上还是从成本上讲都无法满足上述应用的需求。

从技术上讲，它不是一种通用的工具，还不能直接拿来将任何信息加密。如果用它来追踪信息的使用，需要在区块链协议的基础上做二次开发，开发成本很高。另外，它能够支持的交易频度也很低，交易的延时非常长。以比特币的交易为例，我们通常需要等一两个小时的交易时间（最长的时候可以隔夜）才能确认交易。更糟糕的是，比特币协议和今天的实现方式严重限制了它的交易能力，通常不能超过每秒 10 次交易。今天比特币实际的交易量并不大，所以这个问题并不突出，但这么低的交易能力是无法让它作为真正的支付手段的。要知道，淘宝峰值的交易量是每秒 54.5 万次（2019 年“双十一”期间）。

从成本上讲，今天那种过分强调去中心化的区块链的交易成本极高（虽然搞区块链的总是说它的成本低）。我们还是以比特币为例，如果今天将比特币挖矿的电费和矿机成本摊到它的每一次交易成本上，一次交易的费用大约为12~15美元；如果用它来买一杯星巴克咖啡，支付的手续费是咖啡价钱的4~5倍，这显然没有应用的可能性。当然，以太坊等第二代区块链协议的交易成本要低得多，但是依然没有做到成本可以忽略不计的地步。

目前区块链技术成本高的主要原因有两个。

第一，过去的协议完全没有考虑成本的因素，比如比特币协议就是如此，它需要将每一次的交易向全世界广播，这个成本显然就低不了。所幸的是，在比特币协议被证明可行之后，很多密码学家投入区块链技术的升级中，在新的各种区块链协议中，这个问题得到了一定程度的解决。

第二，目前的区块链过分强调去中心化，而去中心化的效率一定比不上中心化的服务。这个道理也很好理解，如果阿里巴巴处理“双十一”交易的上万台服务器搬到100个人的家里，倒是去中心化了，但效率肯定高不了。事实上，这种去中心化的趋势，和云计算集中利用资源的趋势是矛盾的。

那么有没有可能，将去中心化的好处和云计算的效率相结合呢？有的，那就是在逻辑上实现去中心化，而在物理上依靠中心化的云计算。怎么理解这件事情呢？我们不妨打这样一个比方。

我们假定每个人有10 000元，都放在自己家里的保险柜中（我们假定保险柜是安全的），这种情况是完全的去中心化。这样做虽然所有权清晰，而且相对安全，但是不便于钱的使用。那些钱如果无法流入市场，自然也就变不成资本，无法生利。这是在个人计算机时代的做法。

和它相对应的另一个极端是大家都把钱放到银行的大池子里，这样银行可以拿这些钱去投资挣钱。这样做确实获得了巨大的利益，但是因为钱的所有权不清晰，谁的资产多，谁的资产少，完全是一笔糊涂账，大家都没有得到好处。第二种做法就是今天基于云计算的各大数据平台的做法。

更好的做法应该是什么样的呢？在银行里我们每个人有一个虚拟的保险柜，保险柜的钥匙在我们手里，并且可以远程控制，我们可以授权自己保险柜中的钱给谁用。这就是物理上中心化、逻辑上去中心化。

在未来，当数据的所有权、管理权和使用权清晰之后，数据可以依然存放在云计算中心，但是它们在产生的时候，所有权就交给了所有者而不是管理者，而所有者身上的钥匙就是区块链的私钥。如果数据平台想使用这些数据，那么就需要获得所有者的授权，它们会得到一些公钥，能够部分访问和验证数据，否则它们看不到你的数据。但是注意，它们不能复制一份数据变成自己的，这就如同银行不能复印钞票一样。其他使用者，也就是我们常说的第三方，如果想使用数据，也需要获得授权。由于这些数据都存放在大数据公司的数据中心，因此在使用它们的时候没有效率低的问题。由于这些数据是加密的，而密码属于每个人，因此在逻辑上它们是去中心化的。当然，那些数据平台和你签署使用数据的协议时不会一个个地去签，而是通过双方认可的一个智能合约来完成，因此也不会存在效率低的问题。

当然，有人可能会讲，虽然数据中心偷不走我们的数据，但万一数据中心里的人从物理上破坏我们的数据，比如把服务器砸了，怎么办？这件事还真不是一个技术问题，而需要法律保障，这就如同要防止银行办事人员毁掉账本一样。

明确了区块链可以兼顾物理上的中心化和逻辑上的去中心化，也就不难理解由政府来主导区块链建设的可行性和必要性了。从可行性上讲，政府的干预和数据在逻辑上的去中心化并不矛盾。事实上，那种完全无中心化的数据存储和使用方式只存在于理论上，不存在于现实中。而要想兼得去中心化的好处和中心化的效率，只能采用物理上中心化和逻辑上去中心化相结合的方式。这件事如果没有政府和公权力的干预，数据平台是不会轻易出让数据所有权的，因此政府出面主导这件事，让大数据变成数据资产，其必要性也是显而易见的。我们可以预见，今后会有越来越多的国家出台类似 GDPR 和 CCPA 的政策和法规，这就如同各国政府都有约束银行行为的政策法规一样。

区块链有很多很好的性质，为数据的存储、传输和使用带来了过去任何信息系统都不具有的安全性和便利性，并且能够真正实现保护隐私，让用户从自身的数据中受益。这些性质让区块链能够在未来的智能时代扮演一个不可或缺的角色。我们在后面还会看到，它与人工智能技术的结合，对智能社会将带来巨大影响。

超级智能时代

人工智能 +IoT= 超级智能，这是今后 20 年 IT 产业的范式。

随着人工智能技术和 IoT 的发展，未来的社会将变成一台超级智能的有机体。如果我们把它对应于人，那么人工智能是大脑，IoT 就是神经系统。IoT 中数量巨大的传感器和设备扮演着众多感官细胞的角色，而正在发展起来的 5G 移动通信网络则相当于周围神经。区块链也是这个超级智能有机体不可或缺的部分，它扮演着承载生物信号的角色。

在未来的超级智能社会里，有 4 件过去完全不可能办到的事情能够得以实现，而任何有助于实现这 4 个愿景的技术都将有巨大的市场，并且起到改变世界的作用。

愿景一：人类能够更好地了解自己

我们在前面讲到，世界上很多信息原本已经存在，但是过去的技术条件使我们没有采集它们、存储它们、处理它们。2017 年，当 Facebook 出卖了用户信息之后，大家就开始担心这件事有多么可怕。其实早在一年前，媒体就报道过，如果你在 Facebook 上点赞 70 次，它就可以给你画像；如果点赞 150 次，它就比你父亲更了解你；如果这个数量到了 300 次，它就比你的配偶更了解你。这件事听起来匪夷所思，因为我们总觉得自己的配偶每天和我们在一起，怎么就比不上在 Facebook 点击 300 次呢？原因很简单，我们的配偶虽然能接触到我们全方位的数据，却缺乏处理数据的能力，而 Facebook 具备这个能力。

Facebook 这个能力并非是它的计算能力，而来自它的网络效应。这件事有时我们自己不一定能做到，但是像 Facebook 这样触角伸到全社会的企业做起来轻而易举，这就是网络效应所带来的智能水平的提高。今天很多人呼吁谷歌和 Facebook 等公司向用户开放，帮助大家了解自己的工具。当然这些公司在找各种理由推脱，但是我相信，从长远来讲这件事会发生。当我们每一个人将来也能够利用 Facebook 等大数据公司提供的信息时，我们会发现自己对自身的了解比以前深刻得多。

当然，Facebook 给我们画像是否准确，多少有点主观的成分，但是对我们身体的监控却可以让我们了解到我们过去完全不知道的情况。我们前面提及的能够测量血糖水平的隐形眼镜，能够记录心脏活动的起搏器，我们在后面还会介绍通过验血进行早期癌症的检测，这些都是 IoT 和智能技术带来的结果。

愿景二：解决商业纠纷

商业纠纷的种类非常多，但都有一个共同特点：违约。通俗地讲就是赖账，更严格一点的表述就是商业行为的主体（比如买卖双方）之间因为各种主观和客观的原因，不能兑现之前的承诺。比如，你的同学张三让你帮助翻译一份英文资料，答应给你2万元的劳务费，等你把翻译的稿子交给他，他不认账了，不给你钱了。这里面的原因可能是主观的，比如张三找各种理由赖账；也可能是客观的，比如他就是没有钱，或者委托他给你指派任务的人没有给他钱。在今天的商品社会里，商业纠纷发生的概率可能比任何其他纠纷都高。做生意的朋友都会有这样的体会，每年要花不少时间和精力催账，而且提前付款的更是凤毛麟角。更要命的是，很多合作的尾款通常是拿不回来的，或者被对方找个理由扣掉一些。正是因为纠纷不断，摩拜单车的创始人王晓峰先生在做了20年的销售后才会感叹，把东西卖出去只完成了销售的一半，而把钱收回来才是王道。

商业纠纷是商业本身的属性，和道德无关，虽然在普遍诚信的社会里商业纠纷会少一些。一方面，商业纠纷不会因为有了严格的法律规范而避免。以商业立国的英国和美国在立法（通常通过判例）和执法上可谓相当完备，但每天上法庭为商业纠纷打官司或者需要调解的事情依然不断，甚至还养活了美国一个庞大的律师群体。另一方面，商业纠纷也增加了商业的成本。大家可能都有这样的体会，越是商业诚信差的地区，消费者买东西的价格越贵，因为商业纠纷所产生的成本最终要加到消费者头上。

解决商业纠纷的问题过去只能靠惩罚不诚信的行为，以及诉诸法律，今天则有可能通过技术的手段避免商业纠纷的产生。

我们在上面讲到，产生商业纠纷有主观原因，比如2018年底，恒大公司同贾跃亭以及它们的合资公司Smart King因为股权和财产问题发生纠纷，双方提出仲裁请求。事件的起因是前者在向后者注资8亿美元巨资之后，发现这么大一笔钱很快地就被“花”光了。不管双方如何解释，也不管谁对谁错，有一件事情是可以肯定的，就是这笔钱并没有花在双方当初商定认可的地方。在商业中这种现象并不少见，有的人可能一开始就没有打算履行商业义务；有的人抱着侥幸心理，试图拖几天发货或者付款，或者挪用几天货款周转，先还了以前欠的旧债；有的人则是后来发现他们履行不了合约义务，比如特斯拉一次又一次地推后新车交付的时间，因为很多技术问题比他们之前想得难。总之，各种原因让他们把履约的优先级放得很低。

产生商业纠纷还有很多客观原因，比如我们前面提到的张三和你之间介绍翻译工作的问题。张三后来不付款，或者想少付款，可能并非他想赖账，或是将钱挪用了，或是给他活儿的人出了问题，他也是受害者。商业上很多三角债就是这么形成的。当然，如果你事先看了张三和别人签的合同，发现对方是不靠谱的李四，可能都不会接这个活儿。当然张三肯定不会让你看他的合同，因为这样你就知道他是怎样和别人签合同的了，甚至将来还有绕过他这个中间人的可能性。其实你所需要的并非看他合同的细节，只需要确信他所签的合同是否靠谱，上家是否有付款的能力。

那么能否通过技术解决这些问题呢？至少很多是可以解决的。2018年初，我陪约翰·霍普金斯大学工学院院长施莱辛格（Edward Schlesinger）博士访问南京，当时主管南京市科技和对外合作的副市长接待了我们，并且介绍了南京的一些科技亮点。其中有一件事值得一提，那就是通过技术的手段来解决拖欠农民工工资问题。我们知道这是一个长期困扰各级政府和农民工的老大难问题，南京解决这个问题的做法说起来很简单，就是政府项目在付款时，要求合同的承接方把参与工程的农民工的各种信息提交出来，并将之加入南京市人员管理系统中。这些信息包括身份信息、银行账户信息等。政府在付款时，涉及合同中劳务费的部分，直接付给农民（或者由银行监督付给农民）。施莱辛格博士对此印象很深，他说："这位副市长完全是按照工程师的思路在管理一个几百万人的大城市。"

这个看似并不复杂的做法其实是一个合同自动执行的典型案例。当我们能够自动执行很多合同，从而不受中间各环节经手人干扰时，合同纠纷就会减少很多，商业的效率也会提高很多。当然南京市的做法要普及还需要很多技术支持，因为不可能所有的事情都有政府背书和控制，而是需要非常好的技术解决手段。我们在后面介绍区块链时，会讲到利用区块链技术解决合同纠纷的一个方法。总之，随着智能技术的发展，很多商业纠纷可以得到避免，这会让我们全社会的商业成本极大地降低。

愿景三：提高社会运行效率

事实上，社会运行效率的提高体现在方方面面，这里我们从社会安全、反欺诈和生活便利性三个方面来说明一下。

首先，社会安全。全世界大部分地区的犯罪率其实远比人们想象的要高得多。加州的硅谷地区一直宣传自己是多元文化融合最好的地区，那里的失业率极低，整个社区富有，人们受教育的程度高，犯罪率低，是美国最宜居的地区。应该讲，硅谷地区的治安在世界上是相当好的，那么量化度量一下，它的社会安全程度如何呢？

根据美国联邦调查局的报告，硅谷地区的中心城市帕罗奥多（Polo Alto），也就是斯坦福大学的所在地，犯罪率指数（以每年 10 万人口为单位的犯罪数量）大约是 3 000 次。也就是说大约每 30 个人一年就要摊上一次这样的倒霉事。当然，它的暴力犯罪率（凶杀、强奸、严重伤害和抢劫）还是极低的。它旁边的东帕罗奥多市因为比较贫穷，犯罪率是它的两倍，而暴力犯罪率高出了近一个数量级。当然相比美国昔日的汽车城底特律和犯罪之都芝加哥，这还算是好的。世界其他主要国家并不比美国更安全。按照美国著名的生活质量评测网站 Numbeo.com 对世界银行等公开数据的总结，美国的犯罪率指数还略低于中国，中国处于美国和英国之间。

对于如此多的犯罪行为，政府怎么办？过去大家能想到的办法就是增加警力，但这件事成本极高。在历史上西欧国家比美国更安全，但是在 2015 年巴黎恐怖袭击和 2016 年德国慕尼黑恐怖袭击之后，这种好时光便不再有了，民众普遍陷入恐慌。如果想恢复到过去的秩序，大约要增加一倍的警力，这是债台高筑的欧洲和美国无法负担的。IoT、人工智能和大数据的结合则可以助力预防犯罪和抓捕罪犯。

2018 年，歌星张学友好几次上了新闻的头版头条，这倒并不因为他的歌再次受人喜爱，而是在他的几次音乐会上不断有被通缉多年的逃犯落网，大家戏称他为“罪犯克星”。据报道，截至2018年10月，在他的音乐会上已经累计抓获了55名逃犯。当然立功的不是他，而是会场入口设置的人像识别系统。

2018年，我带着上海交通大学商学院的学员去参观云从科技公司，它是中国很多机场人脸识别设备的提供者。我们在该公司参观了两个小时左右，临走的时候，公司接待人员让我们体验了他们的监控系统。在系统中，我们五六十个人都被一一识别，而且这两个小时的所有活动都被记录得一清二楚。他们可以找到我们每个人在任何时间的位置。

当一个城市完全通过IoT连接起来后，它很容易锁定任何一个人在这个城市里的活动。如果发生了什么意外事件，比如犯罪活动，它也能追踪在场的人随后的行动。当然，犯罪分子既然要犯罪，就会刻意隐藏身份，比如通过戴帽子、戴口罩挡住自己的脸。这种隐藏身份的做法在10年前或许有用，因为那时识别身份的技术用到的还是比较明显的特征，比如人脸，但是今天已经可以通过人走动时的姿态区别不同的人了。2018年，我专门考察了以色列和德国这方面的技术，他们根据人身上上百块肌肉的形状和在运动中不同的伸缩方式，以及人走路的姿势就能识别出不同的人。当然今天这项技术还不完全成熟，比如当人站着或者坐着不动，它就不管用了；夏天穿衣比较少的时候收集的数据，到冬天就不管用了。但是，它还是提供了和身份相关的信息，结合其他信息，就很容易在茫茫人海中寻找到目标人物。

此外，人所使用的各种IoT设备，包括可穿戴式设备和手机，也从其他维度对人的辨识和跟踪提供了依据。按照大家通常的理解，手机的标识是电话号码或者里面的 SIM 卡，其实每一部手机在出厂时有一个专门标识 ID（序列号），供移动运营商获取并提供服务。这个 ID 可以通过任何识别设备识别出来。今天任意划定一个范围，很容易就能发现哪些手机是经常在这里出现的，哪些是外来的。这种方式可以辅助发现不速之客，当然也包括可能的恐怖分子。

近年来，中国被很多国家的人认为是最安全的国家，除了没有大规模的恐怖袭击之外，日常犯罪率的下降是主要原因。这个变化是每一个人都能体会到的。在这个变化的过程中，以智能摄像头为 IoT 数据采集装置的监控系统起到了很大的作用。当然对于监控系统的作用，一些人有异议，认为作用被夸大了，但从结果来看，大范围的智能监控和社会安全的相关性是很大的。和中国做法相反的是硅谷地区的旧金山市，由于拒绝采用人脸识别技术，当地的犯罪率居高不下。旧金山是美国西海岸最重要的城市之一，也是连接美国和太平洋国家的交通枢纽。由于它地处硅谷地区，并且是美国很多大银行和能源公司总部所在地，当地经济发达，人均收入极高，在历史上也是各族裔相处最融洽的地区。但是近年来由于受到自由派政客鼓吹保护罪犯权益的影响，它的犯罪率不断上升，而且破案率极低。旧金山市大约有 80 万人口、40 多万辆汽车，2018 年被砸的汽车多达 2.5 万辆，占汽车数量的 6%。也就是说，在你周围 16 个开车的同事中，一年就要有一次车被砸的经历。砸车和小偷小摸不同，是一个动静极大的犯罪行为，原本很好监控，但是一旦放弃对新技术的使用，灾难便随之而来。至于为什么地处硅谷的旧金山市拒绝这项技术，我们在后面介绍人工智能对社会的影响时再讲。这里我们可以先给出结论，那就是当一个城市变成一个超级智能机器之后，社会安全问题会得到很大的改善。

其次，反欺诈。今天人们在网络上的生活已经成为真实生活的一个重要组成部分时，网络上的犯罪行为也开始变得普及，其中最让大家烦恼的就是各种网络欺诈行为，以及信用卡和银行账号被盗用行为。以美国为例，从 2016 年到 2017 年，信用卡号被盗取的数量增加了 88%，已经多达 1 400 万张卡，其中被盗用 13 万次。这种行为一方面给很多人造成重大的经济损失，而且让很多第三方的金融服务变得无法生存，比如在线支付。但是另一方面，如果谁解决了反欺诈的问题，谁就有了进入在线支付这个含金量极高的行业的敲门砖。

2006 年，谷歌推出第一版支付系统，结果非常失败，原因是推广的成本太高，而各种欺诈行为很难控制。谷歌在推出该项服务之前自认为反欺诈的技术做得比竞争对手 PayPal（在线支付服务商）好很多，但是事实证明，产品上线时所测试的反欺诈水平不过是基于已知的数据和已知的欺诈方法，而诈骗者的聪明才智是无限的，他们很快找到了新的骗取推广费的方法。于是谷歌一个亿的推广费花出去，换来的只是欺诈者虚假的交易行为。最后，该项目的产品经理只好离开公司去竞争对手那里了。在随后的一段时间里，外界认定谷歌的这项服务会自生自灭。到 2011 年，谷歌又推出了新的支付系统谷歌钱包，后来演变成了今天的谷歌支付（Google Pay），并存活了下来。这里面直接的原因是基于安卓 App 商店的支付需要这项服务，当然背后反欺诈技术的改进也是至关重要的。

手机的谷歌支付或者苹果钱包给用户带来的一大好处是在交易时无须使用者提供信用卡或者银行卡号，只需要认证使用者的身份以及相应的账户下有足够多的钱即可。这样就免除了很多盗号行为。但是这种做法能行得通需要两个条件：其一，保证用户丢了手机之后，钱不会因此被乱花；其二，使用这项服务的人不会滥用服务，比如用手机绑定别人的信用卡，甚至拿了别人的社会安全号码[①] 去开账号。而满足这两个条件就需要利用大数据的多维度特征了，因为只有真正账户（和手机）的使用者，才能对上各个维度的信息。

其实，在反欺诈技术上，阿里巴巴旗下的蚂蚁金服比美国的在线支付和手机支付公司做得更好，它的蚁盾反欺诈产品，可以将欺诈的比例控制在行业平均水平的 10% 以内，这是一个非常了不起的进步。和所有传统的金融企业做法不同的是，蚂蚁金服使用了大量用户金融交易之外的数据，主要包括这样几种：

- 对用户本身的鉴定。根据用户的各种行为，识别有风险的手机号，找出不良用户；在用户申请贷款或者信用额度时，利用多维度的信息核实真实性。
- 根据用户多维度的信息，形成用户画像和设备（通常是手机和

① 社会安全号码（SSN）是在美国发给公民、永久居住、临时（工作）居民的一组 9 位数字号码。这组数字由联邦政府社会安全局针对个人发行，其主要的目的是追踪个人的赋税资料。

家里的个人计算机）指纹。一旦交易的过程有疑点，就可以及时预警。

- 在后台利用云计算，对各种可疑的交易实时预警。

2014—2017 年，该服务已经为该公司自身和第三方提供了近百亿次风险咨询服务调用，识别出了上亿次业务风险。

不仅金融交易需要技术保驾护航，打击假货并保护消费者也是如此。2019 年 7 月 18 日，在美国众议院司法委员会主持的一次关于打击假货维护知识产权的听证会上，共和党资深议员道格·柯林斯说，美国大部分电商平台做得还不如阿里巴巴。柯林斯显然没有讨好中国的必要，他只是提醒国会和企业要通过发展技术来打击假货，他说："我发现美国平台在这方面远远落后，令人震惊。"柯林斯讲，打击假货要在技术上下功夫，而不只是做表面文章。在此之前不久，国际权威知识产权媒体《世界商标评论》报道了阿里巴巴的成功经验，其最主要的经验是靠大数据预警：96% 的疑似侵权链接一上线即被锁定，在进一步甄别后直接推送给执法部门。至于很多人是否已经被首先贴了可疑的标签，他们的网络行为是否被跟踪，《世界商标评论》没有明确地讲。不过，这种基于技术解决方案的效率要比美国在出了事情后再寻求解决方法，或者诉诸法律要高得多。今后，随着人们的身份越来越容易被确认，在线上和线下冒认他人身份的金融诈骗行为或者上网卖假货的行为将很难得逞。

最后，便利性。有了反欺诈技术提供的保障，给全社会也带来了很大的便利性。今天大家普遍使用的移动支付就是便利性的体现，其前提是不担心钱被盗刷和收到假货。随着社会智能化的进一步普及，我们的生活会更加方便。

世界上最大的租车公司 Hertz（赫兹）租车近年来为那些能够识别身份、信用好的老顾客提供了特殊服务，被称为金卡五星的服务。在这个名单上的人，在世界主要城市的机场租车点，可以随便开走指定区域内存放的汽车；在离开停车场之前，只要向安保人员证实一下身份即可；还车时，如果没有出现事故或故障，将车停放到指定区域即可。这项服务非常方便，不仅节省时间，而且能够让相应的顾客随意挑选自己喜欢的汽车。那么在人和租车公司交接的过程中，需要确认的各种信息，比如驾照、信用卡、汽车保险和汽车本身的状况等，是如何确认的呢？因为有了多维度的大数据，Hertz 在认证租车者身份之后就直接获得了这些信息。至于车的情况，比如哪里已经有剐蹭、油箱还剩多少油等，Hertz 会通过 App 和租车者确认。Hertz 的这种服务仅仅是未来智能社会的一部分而已，我们对未来社会可以有很多的期待。

愿景四：能够把人从重复性的工作中解放出来

工业革命后，机械动力的普及让人免除了很多辛苦的劳作；计算机的出现让人免除了大量重复而单调的计算，会计不再需要使用算盘，工程师也不用再拉计算尺了；智能革命则让人们将很多决策权交给智能机器，比如在做手术时，医生将很多操作的决策交给手术机器人。很多人觉得这是坏事，因为让人从此停止了思考。今天的美国人心算水平普遍不如一个世纪之前，大学生推导微积分公式的能力几乎全无。据我一位在法国接受高等教育、在斯坦福大学任教的朋友讲，他班上的本科生居然有 1/4 的人不知道 sin90º（直角的正弦函数）等于多少，这要是在法国连中学都无法毕业。他不禁问那些学生，你们是怎么混进（斯坦福大学）来的。这一方面可能是因为大学教育强调平权的结果，另一方面是因为美国人在有了计算机后，基础数学水平大为下降。但是，我对他讲，这可能并不影响很多人成为一流的科学家。事实上，我在约翰·霍普金斯大学遇到两个很有天赋和成就的教授，他们的算术确实差，一位教授在被问及“五月份再过 4 个月是几月份”时，要看日历；另一位教授在算 35 美元打八折时要用计算器。但这两位教授一位是今天人工智能领域赫赫有名的人物，另一位则是算法领域的知名教授。很显然，这两个人把算算术的心思用于思考未知的问题了，也就是说，新技术让他们变得懒惰之后，对他们的帮助远超过对他们的害处。

我们需要承认，很多决策，比如驾驶汽车，计算机做得会比我们绝大多数人更好，特别是具有网络效应的超级智能机器在这方面优势更大。因此，在智能时代，我们会主动或者被动地将部分简单决策权让出，将心思花在复杂的、需要创造力的事情上。这时，全社会会变成一个协调非常周密的巨大的超级智能机器，像流水线一样运转。这种变化有点像 20 世纪初生产流水线诞生后大工厂的变化：过去由一个个相对独立的车间组成的工厂变成了一台完整的大机器。在那台大机器中，人并不需要做太多的决策，但是从结果上看，整台机器的效率却达到了空前高的水平。未来的社会也多少有这样的特点，它看上去像是一个超级智能机器。

在未来，人所关注的对象会发生变化，他们不再会关注那些需要简单智力的事情。一些人会开始关注需要更深入思考的事情，而另一些人可能无所事事。当然社会的变化也会随之而来。未来的超级智能时代还涉及很多技术，有很多特征，这里我们就不一一列举了。

本章小结

IoT 和 5G 相互依赖，可以讲，它们是同一件事的两个侧面，就如同光的波粒二象性一样。从计算机互联网的角度看，一方面，IoT 代表了第三代互联网，它有很大的商业潜力，但是绝大部分功能的实现离不开 5G 通信。另一方面，也正是由于 IoT 等需求的产生，才使 5G 变得必要。当 IoT 和 5G 与机器智能紧密结合后，整个社会的智能水平将达到前所未有的高度，这将是我们所说的超级智能时代。

篇结束语

今天最热门的几个领域的技术——人工智能、IoT、5G 通信和区块链，它们的发现都不是独立的，而是相互影响、相互促进的。它们会共同把我们领入超级智能时代。

在这样一个超级智能时代，我们将获得空前的便利性和人身的安全感，各种商业活动会得到很好的保证，隐私和信息安全问题可能得到解决。更重要的是，我们也可以更好地了解自己。

当然，实现这样的超级智能时代在技术上还有挑战，但是任何不足和缺陷也是机遇。任何人如果能够在上面提到的技术中有所突破，就站在了超级智能时代的制高点。

第四篇

智能时代与我们

智能时代将是人类最好的时代，也会是充满危机的时代。一切皆有可能，一切皆是未知。但是，对每一个人来讲，未来的命运可能完全不同。从 18 世纪末开始，在历次工业革命的初期，只有很少一部分人能够享受到工业革命所带来的巨大红利。他们常常是发明家、投资人，以及最早使用新技术来改造现有产业的人。对于很多人来讲，可能需要一两代人的时间才能消除技术革命所带来的负面影响。而未来的时代只属于敢于拥抱时代的人。

08

未来智能化产业

人工智能会在未来改变很多产业格局，一些新的产业会出现，但更多的改变是对现有产业的改造。在未来，那些存在了几百甚至上千年的产业还会存在，而且会发展得更好。农业、制造业、体育、医疗、法律，甚至编辑记者行业都将迎来崭新形态。我们不妨把这种变化用如下范式来概括：现有产业 + 智能技术 = 新产业。而产业的升级和变迁，会比现在的产业更好地满足人类的个性化需求，逐渐导致整个社会的升级和变迁。

在过去的300多年里，人类经历了三次工业革命，即从18世纪末到19世纪初的工业革命，19世纪末到20世纪初的第二次工业革命，从1946年（或者说从1965年）[1]延续至今的第三次工业革命（也被称为信息革命），以及很多次重大技术变革。在这个过程中，全球的产业发生了巨大的变化。

每一次的革命和变革都会有一些全新的产业诞生，比如电报和电话的产生催生出了电信业。但更多的改变来自新技术对现有产业的改造。比如在互联网出现后，广告业从过去的印刷广告和电视广告逐渐转变为互联网广告，广告业虽依然存在，但它是以全新的方式出现。它们都沿袭这样的规律：

现有产业 + 新技术 = 新产业

这一规律也是贯穿本书的主题。

---

① 信息革命开始的时间通常以1965年摩尔定律被提出为准，但是很多人将它往前推到电子计算机诞生的1946年。

接下来的智能革命依然是现有产业的转变和新产业的诞生并行。但是，无论这些新产业过去是否出现过，它们都有共同的特点，即智能化和精细化，因此我们不妨将它们统称为“智能产业”。在这些产业中，具有智能的计算机可以帮助我们完成相当多的工作，甚至是绝大部分工作。

在接下来的篇幅里，我们就通过一些未来产业的形态，进一步理解智能革命对产业和社会的影响。在这些产业中，有些早已存在，虽然看似和机器智能没有多大的关联，但是它们会受到智能革命的影响而彻底改变。这些改变并非我们的预测，而是已经发生和正在发生的事实。让我们从最古老的行业——农业——开始审视智能革命的影响。

未来的农业

农业是人类所从事的最古老的行业，也是支撑人类文明的基础。根据斯坦福大学教授伊恩·莫里斯（Ian Morris）的观点，人类文明的水平可以用人均产生的能量来衡量。比如像原始社会，人类产生的能量是所消耗能量的 2~3 倍；到了发达的农业社会，这个比值可能高达 10 倍；到了工业革命之后，由于机械在农业上的应用，每一个人能够耕种的土地和收获的粮食大大增加，使得大量的人口能够被释放出来从事工业和服务业的劳动。但是，自然环境，比如土地的面积和降雨量，依然是制约农业发展的瓶颈。

在过去，解决土地短缺问题的方法就是施用化肥和农药以增加单产，解决水资源短缺问题的方法就是挖更多的井抽水，挖更多的渠引水，但这实际上是将短期矛盾转变为长期危机。如果跳出定式思维来考虑农业用水的问题，我们首先要问："种田是否需要那么多土地、那么多水？"

2005 年，谷歌一些好事者学习以色列人的做法，在总部门前开辟了很小的一片蔬菜种植园，试图重现以色列人在过去几十年里在农业上取得的成就（见图 8–1）。几年试验下来，证明以色列人的做法是可以复制的。那么以色列人是怎么做的呢？我们还得先看看以色列人的生存环境。

图 8–1　谷歌员工学习以色列的灌溉技术种植的蔬菜瓜果

1990 年我去中国西部出差，参观一些治理沙漠的项目。当地人告诉我这样一件事，他们听说以色列人能在干旱的土地上实现农业高产，就请了一些以色列的专家来指导农业。这些以色列人到中国的大西北考察了自然条件之后说，你们这里哪儿叫缺水，比我们以色列多多了。以色列的自然环境实在是太差，绝大部分土地为沙漠，可耕种面积不到国土面积的 1/5，而且土层是世所罕见的贫瘠，更要命的是水资源严重匮乏。在以色列境内只有一条约旦河（还要和阿拉伯人共享水源），以及一个小得微不足道的淡水湖。以色列降雨极少，年降水量约 200 毫米，占土地面积一大半的南部内盖夫沙漠，每年平均降雨量仅有 25~50 毫米。这么少的降雨量是什么概念呢？对比一下我们常说的缺水的大西北就知道了。兰州年降雨量达 325 毫米，西宁 380 毫米，都比以色列多很多。

然而，就是在这样一片生存条件恶劣之地，以色列人创造了令人咂舌的奇迹，许多农产品的单产量领先于世界先进水平。他们的奶牛单产奶量居世界第一，平均每头奶牛年产奶 10 500 公斤，每只鸡年均产蛋 280 枚，棉花单产居世界之首，亩产近 1 000 斤（中国为 228 斤）[①]，柑橘年均亩产多达 3 吨（中国为 0.5 吨），西红柿年均亩产 20 吨[②]。由于单产高，干旱的以色列居然成为农产品出口大国，每年向欧洲出口大量的蔬菜和水果，有“欧洲的厨房”之称。不仅如此，这个沙漠国家还成为仅次于荷兰的世界第二大花卉供应国。2007 年，以色

---

① http://www.cnagri.com/mucaixw/aigeshidian/20130308/220677.html.

② http://www.ishitech.co.il/0112ar8.htm.

列农业总产值为55亿美元，其中，农业出口占40%，达21.72亿美元，也就是说，以色列平均一个国民贡献了世界上1.7个人的食物。以色列取得这样成就的根本原因是靠科技兴农，而不是靠破坏生态环境竭泽而渔。至于以色列人如何通过科技手段提高单产，我们暂不讨论，这里我们只看看以色列人如何在农业中节省水资源。

作为严重缺水的国度，以色列人发明了滴灌技术——装有滴头的管线直接将水和肥料送达植物的根系，大大节约了水和肥料。所有灌溉方式都采用计算机进行自动化控制，灌溉系统中有传感器，能通过检测植物茎果的直径变化和地下湿度来决定对植物的灌溉量，这样可以节省人力和水资源。由于有大量的传感器在采集数据，这种自动滴灌系统可以对用水量和产量的关系进行学习，改进灌溉量。自二战后立国以来，以色列的农业生产增长了10多倍，而每亩地的用水量仍保持不变。靠着农业高科技，以色列给传统的农业带来了质的革命，二战前一片荒漠的内盖夫地区（以色列所在地），现在已经出现了大片绿洲。

滴灌技术本身并不复杂，近年来已经在中国一些地方普及。根据投资这些技术的基金介绍，使用该技术的农家能节省2/3的用水。目前遇到的问题是，对于每年要重新播种的植物，通向每一个植株的小水管需要每年更换，成本偏高，因此目前滴灌技术只适合收益比较高的经济作物的种植，特别是对于水果种植，滴灌系统在安装好之后，几乎是一劳永逸的。

除了灌溉，机器技术也被引入农业的采摘环节。对于果园来讲，劳动量最大的是采摘工作，在欧美国家劳动力成本较高，这项工作也占据了很大一部分成本。在美国不少农业区，农场主雇用从墨西哥来的非法移民从事这项工作，同时也带来了很大的社会安全隐患，因此这件事在美国一直有争议。而在德国并没有这些劳动力从事农业工作，所以他们使用机器人来采摘水果（主要是苹果）。为了便于采摘机器人工作，果树也被逐渐培养成直径较小的品种，这样机器人在果树之间走一遍，就可以将两旁的水果采摘干净。从这件事也可以看出，一方面，机器人是依据相关种植业的特点设计的；另一方面，使用机器人也改变了农业的形态，甚至是品种。

和农业相关的智能技术远不止这些，它们让这个人类最古老的产业以崭新的形态出现，也验证了“现有产业 + 机器智能 = 新产业”这个已被证明的技术革命进步的规律。

未来的体育

2015—2019 年，位于硅谷地区的金州勇士队（Golden State Warriors）连续 5 次打入了 NBA（美国职业篮球联赛）的总决赛，并且三次获得冠军。2015—2016 赛季，它还创造了 NBA 历史上常规赛获胜率最高的纪录，在全部 82 场比赛中获胜 73 场[①]，同时它还创下主场 54 连胜的纪录。读到这里，一般人会觉得金州勇士队会像过去那

① 此前的纪录是由乔丹时代的芝加哥公牛队保持，一个赛季获胜 72 场。

些老牌强队一样，同时拥有很多大牌球星加上一个金牌教练，否则难以创下这样的纪录。但事实并非如此，勇士队长期以来一直是NBA里的一支“鱼腩球队”。在2009年，金州勇士队还是NBA里最烂的球队之一，那一年它的成绩排名倒数第二，当然勇士队也不可能有什么球星和大牌教练。因此该队能取得这样的成绩实在是一个奇迹，而它创造奇迹的方式在体育史上恐怕是独一无二的。

一般来讲，一个弱队的崛起常常是因为有一个大投资人喜欢这个体育项目，买下全部或者部分球队，然后砸钱买球星和请大牌教练，再做各种广告招揽球迷。中国恒大足球队走的就是这条路。恒大集团在里面投资最高，使它的估值在2016年居然高达33.5亿美元，甚至超过当时欧洲联赛的冠军皇家马德里队。当然，砸钱容易，取得成绩却并非花钱就能做到，因此弱队崛起通常并非易事。金州勇士队的成功并非砸钱的结果，而是因为它处在一个特别的地区——硅谷。

硅谷地区有两种人最不缺，即风险投资人和工程师，勇士队的奇迹从很大程度上讲是靠他们创造的。前者善于看到其他人还没有发现的投资潜力，然后把它经营成值钱的实业；后者善于利用技术创造奇迹。勇士队的成功就是他们合作的结果。6年前，勇士队的比赛成绩跌入谷底，因此价值较低，一些风险投资人决定将这支不值钱的球队买下来好好经营，让它成为美国体育界最耀眼的明星。这个计划看上去有点疯狂，不过投资人有自己的考虑，他们的秘密武器就是能够应用大数据的工程师。最终，投资人花了4.5亿美元这一相对较低的价格完成了对勇士队的收购。

在收购完成后，投资人为球队委派了新的管理层。在管理层的背后，有一些工程师在利用大数据制定球队的发展战略和比赛战术。新的管理层在上任后所做的第一件事不是购买大牌球星，反倒是把队伍中的明星给卖掉了，然后他们围绕一位当时毫无名气的球员重新制定球队的风格和战术。当然管理层的决策依据是从大数据中得到的结论。

根据数据分析的结果，管理层认为现在 NBA 以及很多职业联赛所追求的打法是低效率甚至是错误的。几十年来，NBA 的发展一直在追求制空权，球队寻找个人身体条件突出的球员，他们要么伸手就能将篮球装进球筐（比如姚明），要么能高高跃起从上往下把篮球扣进球筐（比如乔丹）。这样的打法虽然看起来漂亮，但是效率很低，因为需要全队费很大力气攻到篮下，把球传给那个大高个儿，即便不出现传球失误，也就是得 2 分。扣篮也是如此，在耗费巨大的体力之后，也是得 2 分。勇士队的管理层设计的新打法却是尽可能地从 24 英尺（大约 7.3 米）外的三分线投篮，这样可以得 3 分。根据该队数据工程师的统计，三分球的命中率其实和两分球差不多。正是因为不再按照篮球传统的战术作战，勇士队才卖掉了那些价钱高却效率低的明星，而着重培养自己看中的新人。

这位新人叫斯蒂芬·库里（Stephen Curry）。今天他在世界上已经家喻户晓，中国的篮球迷对他也非常熟悉，但当年他可是一个没有人要的球员。库里身高只有 1.91 米，在篮球场上和那些明星大腕相比可谓相形见绌，高中毕业时，那些篮球强校的教练都看不上他。2009 年，他被勇士队以很便宜的价格签约（4 年只有 1 270 万美元，而姚明登陆 NBA 第一年的薪酬就高达 1 250 万美元），尽管他在大学篮球队表现不错，但那并不是一支顶级的大学篮球队，因此他的对手们也没有把他放在眼里。

图 8–2　勇士队神投手库里

勇士队的管理层之所以重用库里，是因为他有一个特长，那就是投篮准确。勇士队最终把他培养成了一位三分球的神投手。2014—2015 年赛季中，库里的神投让勇士队夺得了 40 多年来的第一个总冠军，他自己也荣获当年的最有价值球员奖（MVP）。到了 2015—2016 年赛季，库里投进了 402 个三分球，创造了 NBA 历史上的新纪录，打破了由雷·阿伦（Ray Allen）所保持的个人单赛季 269 记三分命中数的纪录。库里投篮的准确率高达 50%，三分球的命中率也高达 45%，这意味着他的三分球比那些大牌球星的篮下投球更准。到后来，很多球迷跑去看勇士队训练，主要就是为了欣赏库里投三分球。当然，库里成名之后，赛场上的各个球队都要派人盯紧他，但这也给勇士队其他选手在篮下创造了机会。

按照一般教练的想法，勇士队应该趁机加强内线进攻才对，但教练史蒂夫·科尔（Steve Kerr）却不这么看。2014 年执教勇士队时，科尔没有任何执教 NBA 的经验，但勇士队的投资人乔·拉科布（Joe Lacob）坚持使用这位新教练。拉科布是个篮球迷，却并不是篮球界的人士，他是著名风险投资公司凯鹏华盈的合伙人。套用俗话讲，他是一位"技术控"。他的合伙人很多甚至就是工程师出身，比如 YouTube 的联合创始人查德·赫利（Chad Hurley）。因此他们更相信自己根据数据得到的结论，而不是来自 NBA 的经验。拉科布看中的是科尔在 NBA 生涯中准确的投篮：作为和乔丹同时代的公牛队队员，科尔夺得过 5 次总冠军，个人的投篮命中率高达 45.4%，位列当时 NBA 球员之首。科尔在执掌勇士队之后，坚持用数据说话，而不是凭经验，他根据背后团队对历年来 NBA 比赛的统计，发现最有效的进攻是眼花缭乱的传球和准确的投篮，而不是彰显个人能力的突破和扣篮。在这个思想的指导下，勇士队队员苦练投篮技巧，全队在一个赛季中投进 1 000 个三分球，又创造了一项 NBA 纪录。同时，就在对手防守库里时，勇士队的第二投手克莱·汤普森（Klay Thompson）大展神威，在一个赛季投进了 270 多个三分球，成为第二个跨越之前历史纪录的篮球选手。在随后的几个赛季，库里和汤普森三分球的命中率一直极为稳定。由于他们远投入篮时，球和篮网会产生如投石入水的声音，所以被球迷们称为“水花兄弟”。此外，发现全明星球员格林天赋的也不是他的教练，而是勇士队的人工智能系统。

除了利用数据制定战略，勇士队还利用实时数据及时调整比赛中的战术。早在 2012 年，勇士队的总裁兼 COO（首席运营官）里克·韦尔茨（Rick Weltz）就在一次大数据会议（TUCON 2012）上介绍了该球队应用大数据的成果。根据韦尔茨的介绍，大数据可以帮助球队改进精细到两个人配合的细节。正是靠高科技，勇士队才得以在短短的 6 年里从倒数第二名登顶 NBA 的总冠军，并且在 5 年里拿了三次。

在 IT 技术上，勇士队所用的技术产品主要有三种。第一种是跟踪工具 SportVU，它是一个数据采集工具，简单地讲就是在篮球场四周装上很多的摄像机，它们会跟踪每一个球员的表现，记录传球配合的准确率、过人的效率和投篮的命中率等。第二种是大数据处理和智能决策工具 MOCAP，它根据数据指定战术，运动员的平时训练就是将这套由机器智能帮助制定的战术练熟悉。第三种是用于监控运动员身体和运动量的 Catapult Sports 系统，它通过量化了解运动员的疲劳程度调整训练量。

勇士队的战术和成绩彻底改变了 NBA 的风格，它逼着所有球队都开始采用远距离三分球得分，而不再是内线强行突破。今天，即使像勒布朗·詹姆斯（LeBron James）和凯文·杜兰特（Kevin Durant）这样的大高个，也练就了极为准确的三分球投篮技术，而全明星比赛则几乎成了三分球的表演。在最近的 5 年里，整个 NBA 每场比赛的平均得分不断提升，也多与球队投中三分球有关。2019 年，美国针对一项调查显示，库里超过乔丹成为更多中学生的偶像，原因是乔丹让人感到可望而不可即，而库里靠相对一般的身体素质成为超级篮球明星，让大家看到了自己成为篮球明星的希望。当然，当所有的球队都开始采用勇士队类似的战术时，勇士队的领先优势不可避免地在缩小，但是在 2018—2019 年赛季的最后时刻，它再次让大家看到了机器智能的强大。

在 2019 年的季后赛中，勇士队的主力、两次总决赛最有价值球员奖（FMVP）得主杜兰特在西部决赛中受伤，大家都在担心它能否再次闯过老对手火箭队那一关。但是令人吃惊的是，勇士队在没有杜兰特的情况下居然还有一套外界并不了解的全新打法，甚至它的板凳队员上场后表现都很出色，而且配合极为娴熟。这些其实在勇士队平时训练时早就练就了。于是在没有杜兰特的情况下，勇士队不仅闯过了火箭队一关，而且连赢 6 场获得了西部冠军。虽然在总决赛中，勇士队因为杜兰特和汤普森两位主力的缺阵失去了总冠军，但是它所表现出的战术水平依然让人刮目相看。奥巴马曾经在白宫接见勇士队时讲道："(这)看起来正在打破这项运动的格局，这似乎是不公平的比赛。"篮球界的人士则认为，勇士队是 NBA 里的谷歌。

利用数据提高球队整体运动成绩的想法并非今天才有，20世纪80年代，与中国女排同时崛起的还有美国女排。与中国队主要靠技战术水平和女排精神所不同的是，美国女排的秘密武器是高速摄像机和统计。但是美国女排的运气不好，遇上了在巅峰状态的中国队，接连几次世界大赛都和冠军失之交臂。过去由于数据量有限，统计作用不是非常明显，因此在体育中利用数据指导训练的情况并不普遍。但是在2016年奥运会上，赛前并不被人看好的中国女排一举夺冠。赛后大家夸奖郎平所带的队伍具有当年女排的拼搏精神，而郎平自己却说，这要靠科学训练。实际上，郎平在培养球员、训练球队和指导比赛时，也使用了大数据。

可以讲，今天的体育比赛远不只是体能、技能和毅力的比拼，更是技术的竞赛。可穿戴式设备、IoT设备和大数据在体育训练中已经广泛地被使用。今天，高尔夫球运动员和网球运动员会在身上安装各种传感器，测定动作，然后教练会根据数据纠正运动员的姿势和动作。在高尔夫球的训练中，职业选手普遍采用一种被称为TrackMan的工具，它除了测定运动员的表现，还装有几万个高尔夫球场的数据，可以让运动员在比赛前模拟球场上的比赛。高尔夫球的比赛和其他球类不同，所有球场的赛道完全不同，每一场比赛的战术要根据球场而定，因此是否熟悉球场对成绩有极大的影响。过去，职业高尔夫球运动员在赛前也只有一次熟悉球场的练习，不少人因为对球场不熟悉而发挥不好。因此，所有的职业选手和好的业余选手，都会使用TrackMan在赛前熟悉球场的情况。这样的技术手段让高尔夫球比赛的成绩在过去的 10 年里有了巨大的提高，而在过去整个 20 世纪中，高尔夫球比赛的成绩几乎没有提高。

智能技术还极大地帮助运动员延长了运动寿命。由于在训练中保证了正确的姿势，以及根据身体的状态合理地设定训练量和饮食，运动员的伤病大为减少，而且能够长期保持高水平的体能和竞技状态。在球王贝利的年代，他在 30 岁退役时（随后到美国参加低强度的非职业表演赛），运动寿命在同时期的足球运动员中已经算是极长的了。但是今天，足球运动员在 30 岁依然处在巅峰状态。克里斯蒂亚诺·罗纳尔多（Cristiano Ronaldo，简称 C 罗）参加 2018 年世界杯足球赛时已经 34 岁了，体能和竞技水平不亚于任何一位 20 多岁的年轻人。C 罗在一次训练中脱去了球衣，记者们看到他身上挂满了可穿戴式设备。

运动员运动寿命的延长也改变了竞技体育的格局。2002 年，当 31 岁的天才网球选手皮特·桑普拉斯（Pete Sampras）以 14 个大满贯冠军的身份退役时，大家觉得这是一个无人能破的纪录。但是，今天不仅罗杰·费德勒（Roger Federer）、拉斐尔·纳达尔（Rafael Nadal）和诺瓦克·德约科维奇 (Novak Djokovic) 都打破了他的纪录，费德勒 20 个大满贯的成绩更是远远超过桑普拉斯。更让人惊叹的是，他们的运动生命都特别长——2019 年，费德勒 38 岁，纳达尔 33 岁，德约科维奇 32 岁，以至在过去的 15 年里，他们三个人几乎垄断了大满贯赛事，使其他选手看不到希望。这和过去网球比赛每两三年就能出现一个新的王者完全不同。

机器智能对体育的帮助，还体现在计算机可以训练棋牌选手。今天，很多国际象棋学校在训练小棋手时，使用的是计算机而不是真人教练。近年来，计算机也开始训练围棋选手了。由于 AlphaGo 在围棋赛中的优异表现，专业棋手已经开始学习它的棋风，并且开始重新认识围棋。

可以预见，未来的竞技体育更加离不开大数据和机器智能。体育依然会是人类最喜爱的娱乐活动，但是仅靠天赋和苦练就能取得好成绩的时代一去不复返了。

未来的制造业

2011 年，德国提出工业 4.0 的概念，即通过数字化和智能化来提升制造业的水平。相应地，中国也提出了中国制造 2025 的概念，其核心是通过智能机器、大数据分析来帮助工人甚至取代工人，实现制造业的全面智能化。在美国，特斯拉汽车公司已经尝试全部使用机器人来装配汽车，这不仅使工厂雇用工人的数量大幅度减少，而且还让出厂的汽车性能和质量更稳定。

曾几何时，产业工人的数量被看成是制造业竞争力的重要标志，大量低工资生产线上的工人造就了全球制造业的繁荣。被称为“世界工厂”的中国在改革开放以后正是靠这项核心竞争力跻身世界制造业大国行列。在中国，全球最大的 OEM（定点生产）制造商富士康雇用了 130 万名廉价的工人，使得全球的电子产品制造商无法在成本上和它竞争。当然，富士康也得到了“血汗工厂”的恶名。一方面，由于雇用的工人太多，像富士康这样的公司即便有心将自己办成高福利的企业，也是做不到的。另一方面，它们也不可能通过进一步压榨工人来降低制造成本。为了解决这些矛盾，富士康一直在研制取代生产线工人的工业机器人。富士康预计未来将装备上百万台机器人逐渐取代装配工人，这使得工人们不再需要从事繁重而重复性的工作，但由于工厂所需要的工人数量大幅度减少，很多低技能的工人将失去工作。

二战后的美国汽车行业有上百万名装配工人，但是现在只剩下当年的一个零头。而新的汽车公司，比如特斯拉，已开始尽可能地使用机器人取代装配工人。硅谷东部的弗里蒙特市（Fremont）有特斯拉最大的汽车装配厂。在该厂的门口，每天都有几个人举着骷髅抗议，停下来一问，才知道特斯拉根本不从汽车工会招募装配工人，甚至很少招募生产线上的工人，因此汽车工会天天跑去抗议（见图 8–3）。

图 8–3　汽车工会在特斯拉汽车装配厂门口示威

抗议归抗议，特斯拉就是不雇生产线上的工人，外界也拿它没有办法。事实上，在过去5年里，特斯拉员工数量增长非常快，不过它所雇用的都是IT人员，以至它更像是一家IT公司而非汽车公司。那么大家可能有一个疑问，特斯拉的汽车是怎么制造出来的呢？答案很简单：尽可能地使用机器人。

机器人取代人类从事制造业的另一个巨大优势在于，产品很容易按照个性化定制。在大工业时代，机器所解决的是确定性问题，因此，一旦一个产品被设计出来，它就是确定的，按照事先确定的设计复制，成本是很低的。但是，如果哪个用户想要根据自己的需求订购一款特定的产品，那么成本是很高的。今天的工业机器人，和过去生产线上按照固定流程工作的机器不同，它们可以通过设定产品的参数，制造出满足用户需求的个性化产品，这就让它们能够取代大量的工人，而制造个性化产品的成本不会比大规模生产高出很多。

特斯拉很少雇用原来汽车行业的人员，除了降低成本外，还有一个更深层次的原因——它一直把自己定位成一家IT公司，而不是汽车公司。汽车其实就是承载着特斯拉IT技术的平台，特斯拉内部将汽车看成是一个巨大的智能终端，通过这个智能终端，特斯拉把它的各种技术服务提供给大家，同时也参与消费者的日常生活，这和我们在前面提到的小米手机有不少相似之处。

特斯拉颠覆现有汽车行业所做的另一件事，就是取消存在了一个世纪的汽车代理商制度。为什么特斯拉能够做到这一点，而比它更大的、更有话语权的那些大牌汽车公司却不得不分利给各地的代理商呢？这就要从产品生产和流通的产业链说起。

产品生产本身只是商品经济中几个主要环节中的一个。除了生产，商品的设计和研发、仓储和物资管理、物流和运输、批发和零售，在过去都是不可或缺的环节。我在《浪潮之巅》中介绍过戴尔的商业模式，它的成功在于一方面出让了最需要人力的生产环节，以降低成本，另一方面依然牢牢地把控着其他重要的环节，以保证利润。过去，在生产以外的环节，要么需要所谓知识型的员工来完成，要么需要本地的员工。比如，汽车的销售在过去依靠的就是本地员工，如果由汽车厂直接在销售地雇人，成本会比交给代理商更高。但是到了大数据时代，除了商品的设计和研发，剩下的环节要么高度智能化（比如仓储和物资管理），要么干脆被砍掉（比如批发行业），因此在制造业中那些所谓高端的工作也面临着被机器智能取代的现实。比如阿里巴巴的崛起，就让很多批发行业的工作从此消失了，但同时也带来了全社会效率的提升。

戴尔公司从早期直到 2004 年的成功原因在于，它率先采用智能化的管理降低了各个环节的成本。但是，当联想等很多企业也采用类似的管理方式时，靠低成本竞争的戴尔就不再具有优势了。特斯拉则比戴尔更进一步，它除了大量雇人研发汽车的各种新功能，还从设计开始，直到汽车送到用户手上，加上售后服务，这中间各个环节里尽可能地采用计算机而不是人来工作。因此，特斯拉才能够做到所有事情都由自己来做，因为计算机帮了它的忙。

特斯拉其实在悄无声息地重新定义汽车行业，它对汽车的理解已经和当年的福特或者奔驰完全不同了。汽车这个老行业，在引入大数据和机器智能之后已经脱胎换骨，变成了一个新的行业。

特斯拉只是未来制造业一个典型的案例，其他商品的制造和流通也可以得益于大数据和机器智能。当机器智能逐步渗入商品制造和销售的各个环节时，不仅工人的数量将逐渐减少，而且整个制造业都将被重新洗牌。仅仅靠降低工人工资的低水平竞争将不再具有制造业方面的优势，因为它在未来的竞争要靠从设计到销售全过程的智能化水平。当然，在我们欢呼整个制造业效率提升、产品质量提升的同时，有一个问题值得关注，那就是被机器智能取代的劳动力如何安排。这个问题我们放到下一章讨论。

未来的商业

2018 年，无人超市成为一个热门话题，淘宝、京东都先后在这方面投入了巨资。其实，一个超市是否有售货员不重要，采用了什么技术也不重要，重要的是顾客是否能买到更便宜的、质量更好的东西，而且购物是否更便利。按照这个标准，目前的无人超市还只是处在非常初级的阶段，只是自动贩卖机的扩展而已，供货、上架依然需要大量的人工。由于那些无人超市规模很小，所以供货并不方便，能提供的商品品类也极为有限。在美国和欧洲，很多超市和便利店，结账时已经不需要人了，店里几个售货员无非起监督和服务的作用而已，从节省成本、保证服务质量的角度讲，要比那些刻意不设置售货员的无人超市有效得多。当然，随着供货、上货和补货的全面自动化，以及各种监控设施、退货策略的完善，无人超市会逐渐发展起来。

比那种自动贩卖机式的无人超市更有效的做法，是将货架干脆放到每个人家里。我们在前面讲到了 GE 公司利用销售冰箱的消耗性材料挣钱，其实冰箱还可以被看成商场里货架的扩展，通过摄像头和传感器，可以收集到顾客购买食物的习惯，以及顾客对食品消耗的程度，并通过移动互联网提示用户补充食物。这种冰箱装有可以上网的触摸屏，顾客可以通过冰箱上的触摸屏直接从电子商务公司购买食品。这样，耐用电子产品又具有了商场货柜和电商入口的功能。虽然上述功能还没有完全实现，但是今天的一些智能冰箱，比如三星和海尔等公司的一些产品，已经可以和电子商务对接了。2016 年，海尔公司与易果生鲜合作，将海尔冰箱作为延伸到家庭和单位后厨的冷藏货柜，由易果生鲜提供生鲜农产品。为了保证供货的质量，双方共同开发了基于 RFID 的产品跟踪技术，消费者可以了解产品的种植、加工等过程。

比将货架放入每一个家庭更灵活的做法，是亚马逊通过 Echo 语音音箱销售商品的行为。我们在前面介绍了一个利用这种方式达成购买的真实案例。今天，美国出现了一个新词——语音商务（voice commerce），指的就是这种服务。2018 年，亚马逊通过这种方式达成了 21 亿美元的销售额，这个金额不能算低，但是相比亚马逊同期 2 000 亿美元的销售额，这个比例仍然很低，主要原因是这种方式无法浏览商品，只适合于购买以前已经买过的商品，因为买卖双方对那些商品的理解是一致的。对于顾客之前没有买过的东西，通过语音确定哪些是自己想要的并非一件容易的事情。因此，无论是货架进家还是语音商务，主要是围绕日常生活消费品。不过，值得肯定的是，这种方式将购物变得更直接，中间环节的成本变得更低，会对超市的生意形成冲击。

直接将商品送到顾客手里有诸多好处。首先，可以减少很多流通环节，让商品的生产者和消费者同时获益。2015 年诞生（2016 年 1 月首家店开业）的盒马鲜生，到 2018 年就实现了赢利，这个速度远比电商公司来得快，而且会员月消费超过 500 元人民币，远高于电商的平均水平。和传统商业相比，它店面的单位面积创造的销售额高出了一倍还不止。盒马鲜生的成功之处首先在于它从一成立开始，就处在一个好的时代。移动互联网的发展和大数据技术的成熟，让它从公司成立的一开始就能通过数据驱动的方式进行比较精准的商业服务，同时能够通过数据掌握消费者需求，并反馈给采购、加工和配送等各个环节。这样既能够提高供应和流通效率，也能够避免不必要的浪费。在美国传统的超市里，至少有 1/4 的生鲜食品会在运输中损失掉，或者最后因为不新鲜而被扔掉，这些损失都要加到成本之上。虽然那些品牌超市已经经营了几十年，照理讲积累了很多经验和数据，但是因为无法针对每一个顾客进行精细化运营，损失在降到 1/4 左右时，就无法再降低了。

随着精细化运营深入未来商业的各个领域，流通环节会减少，商业成本会大幅下降，浪费也会减少，而浪费的减少能产生巨大的社会效益。2019 年 7 月 1 日前，上海市公布了《上海市生活垃圾管理条例》，该条例要求市民主动对生活垃圾进行分类，这让毫无准备的上海市民炸锅了。有人支持，有人反对。一些支持者讲，日本的垃圾分类很多年前就做得很好，因此它们街道很干净，环境很好。这种说法有一定道理，到过日本的人都能够感受到日本的环境好。但是，大部分人都忽略了一个事实，就是日本人均制造的垃圾在发达国家中非常低，这是环境好的更重要的因素。据 2016 年英国《卫报》报道，日本人均垃圾产生数量为每人 1.71 公斤，远低于美国的 2.58 公斤，也低于德国、法国和英国。①

智能技术对未来商业的影响不只局限在批发和零售这些和我们生活相关的领域，也包括合同的签署与执行、金融信贷的投放与偿还等领域。我们在前面提到使用跟踪技术解决拖欠农民工工资的问题，这其实属于商业合同不能有效地执行。在商业上，很多纠纷都可以归结为不执行合同，因为商业社会的基础就是照合同办事，无论那些合同是书面的还是口头的。不执行合同的表现有很多，比如拖欠货款（或者款到不能及时供货），挪用资金，欠三角债，反悔承诺，等等。过去解决这些问题的方式一个是规矩，另一个是法律。

在一个好的商业环境中，如果大家都能够做到守规矩，纠纷就少，商业的成本也就低很多。比如，在美国购物通常都可以无条件退货，买东西就比较省心，而一般来讲顾客也不会有事没事占这个便

① https://www.theguardian.com/cities/2016/oct/27/which-is-the-worlds-most-wasteful-city.

宜，双方都相安无事。但是在还没有经历几代人商业文明熏陶的环境中，要让人守规矩其实很难。在美国最近的20多年里，破坏规矩导致商业成本增加的趋势有目共睹。随着移民的涌入，很多人开始有事没事就退货，很多东西用了一两年后还拿去退，于是很多商店（比如加州最大的电器商店Fry's）开始限制退货，比如要收开包费。这就是规矩被破坏后的结果。当规矩不能解决问题时就要诉诸法律了，而这个成本其实很高。最终，这些成本都会由消费者和商家承担，前者多花钱，后者利润薄。从整个社会来看，大家把大量的时间花在了解决纠纷，而不是发展经济上。

在国内，很多人很奇怪为什么江浙地区和珠三角地区的很多小企业心甘情愿地为了2%~3%的利润去和沃尔玛、家乐福做生意，因为它们不仅能收回货款，而且能够按时收回，商业风险低。2007—2014年，我与美国一些投资人创立了中国世纪基金，投资国内的企业，专门对浙江一带的制造型企业做了很多研究。我发现他们在和国内企业做生意时，会要求更高的利润，因为他们不能保证每一笔钱都能收回来，即使收回来，收款的成本也很高，所以只有提高价格才不至于亏损。这些成本其实都转嫁给了消费者。

守规矩并非人生来具有的本性，甚至有点违背人性。因此拖欠几天货款，挪用一点资金为自己谋点利益，承诺的事情后来又反悔，这类事情很难通过约束让人们守规矩。甚至很多人知道相关的法律依然不当回事，这倒不是大家不愿意守法，而是难以克服人喜欢贪小便宜的天性。比如，张三是一个工程承包商，从某大学接了一个项目，对方已经支付了工程款，张三难免想要将钱在自己账上存放两天，变成自己的中转资金，而不是马上付工人劳务费和供应商货款，甚至挪用支付之前的欠款。这些问题在过去很难解决，因为缺乏相应的技术手段让张三严格执行各个合同，张三的一切商业行为都要靠自觉，以及对法律的敬畏，等等。

在未来的智能时代，上述问题可以通过区块链技术解决，这样很多商业纠纷就能得以避免。我们不妨通过一个真实的案例来说明这个方法。

2010 年，纽约市当时的市长布隆伯格想投资 20 亿美元在当地建一所“纽约的 MIT”——一所顶级的理工科学校。于是他招来斯坦福、康奈尔、哥伦比亚和卡耐基·梅隆等著名的工科大学竞标，最后地处纽约州的康奈尔大学利用和纽约的关系击败事前被看好的斯坦福大学中标。一所代表未来科技的新大学总要有点新意，于是康奈尔大学决定整个校区采用太阳能发电。这当然是一个大的工程项目。作为大学，康奈尔当然不懂如何建造这个太阳能项目，于是将项目交给了一家系统承包商，而这家美国的系统承包商需要到中国采购大量太阳能板，这里面就牵涉贷款、合同的执行等一系列商业问题。

我们知道，区块链除了相当于一个第三方可以记账和查账的账本，还是一个智能的合约，其执行可以由算法自动完成。在上面的项目中，各方使用了 Skuchain 公司提供的区块链服务。当康奈尔大学根据合同将工程款付给了系统承包商之后，后者就按照合同自动将一部分钱转给了中国太阳能板的供应商、其他原材料的供货方，以及工人们。这个系统承包商能够看到这部分钱进入自己的账户，然后又被转了出去，并被禁止人为干预这些资金的流动，因为它可以查看区块链的账本，却无法篡改。所以各方在合同谈拢并签署之后，条款将自动执行。当然，合同里有很多细节，比如工程进展到了哪一步，支付了多少工程款，太阳能板装船离港时支付了百分之几的货款，验货合格后再支付多少。这些条款一旦被写进区块链就开始自动执行，各方也避免了很多商业上的纠纷，商业成本将大幅下降。

当然，上述的各个环节其实还涉及贷款，牵涉到银行，这让各家合同变得更复杂，也让区块链能够发挥更大的作用。我们知道，像康奈尔大学这样最终买单的一方，不可能一开始就支付全部的费用，而只会给一些定金，并且根据工程的进度逐步付款。这样一来，承包商就要垫付不少钱，包括支付中国企业太阳能板的资金，还要给工人发工资，等等。于是，承包商只能向银行贷款。类似地，生产太阳能板的中国企业也要贷款，以支付购买原材料和雇工的钱。对于很多中小企业，贷款的成本吃掉了企业利润很大一部分，甚至是大头，这就使商业成本增加。我们不妨给上述参与合同的各方算算账。

我们假定美国的那家工程承包商工程的成本是 1 000 万美元，康奈尔大学给它 20% 的毛利，也就是 200 万美元。假设这家承包商需要贷款 800 万美元，它的信用评级是 B（对于这样传统行业的中型公司，通常也只有这么高的信用评级），贷款年利率是 10%，那么一年的利息就是 80 万美元。于是，这家公司毛利润中的四成就被银行拿走了。银行的钱其实也不是白挣的，它承担了风险，因为过去 30 年的统计数据表明，信用评级是 B 的企业有 4.3% 的可能性还不上款。

再说中国的太阳能板制造商，情况也差不多。这些制造业企业在中国贷款的利息非常高，我们假设是 15%，需要贷款 300 万美元的等值人民币，这笔钱假如要使用半年，利息是 22.5 万美元。这样算下来，各方一共支付了 102.5 万美元的利息。

但是在这个案例中，最终付钱的是康奈尔大学，它的信用评级是很高的，比如是 AA，也就是说它不太可能赖账，因此在这种情况下，如果由它出面担保给各方贷款，能让各方拿到更低的利率，比如 6%，这样就能节省 36.5 万美元的利息。这些钱可以让承包商、制造商和康奈尔大学都受益。显然，如果没有区块链保证合同不打折扣地自动执行，康奈尔大学是不敢为各方的低息贷款提供担保的。因为如果一方将贷款挪用了，康奈尔大学就要负连带责任。这里对于银行来讲又有什么好处呢？由于合同的条款会被严格地自动执行，不仅可以确保银行的钱能收回来，而且能够控制付款和收回贷款的时间。对于银行来讲，最怕的不是赚钱少，而是不能出现坏账。

上述所有这些事情如果没有区块链技术是做不到的，可以讲，区块链技术不仅提供了自动执行合同、避免纠纷的可能性，而且可以让信用好的机构为商业的整个流程贷款，降低了商业成本。在未来的商业中，数据的使用和跟踪技术（区块链）让商业变得更精准、更安全，效率大幅度提高，成本进一步降低，最终让各方的利益都得到扩大。

未来的医疗

医疗保健在任何发达国家都是一个大产业，甚至是最大的产业，因为人类发展经济和科技最重要的目的就是增进健康、延年益寿。在历史上，历次重大科技进步都伴随着人类医疗保健水平的飞跃。在工业革命之后，人类搞清楚了细菌致病的原理，并且通过科学的方法完成了传统医学到现代医学的转变。在第二次工业革命之后，人类发明了抗生素，我们在前面讲到，抗生素的发明过程是自觉应用机械思维的结果。二战后，随着信息革命的开展，各种诊断仪器和治疗仪器被发明出来，包括今天常用的CT（计算机体层摄影）扫描仪、核磁共振机、心脏起搏器和进行各种微创手术的仪器。毫无疑问，大数据和机器智能也将对未来的医疗产生全面而重大的影响。

今天，人类在医疗保健上遇到了一些瓶颈，主要体现在以下几方面。

首先，医疗的成本越来越高。以美国为例，2018年医疗保健的开销已经超过了GDP的18%左右，[①] 而且按照目前的发展趋势，到2022年，这个比例将上升到20%。在中国，虽然这个比例很难被准确估计，因为很多与医疗保健有关的花销是隐形的，但是“看不起病”是社会共识。根据上海交通大学做的研究，医疗保险在GDP中的占比超过了10%。

---

① 数据来源：世界银行。

其次，医疗资源不平衡，这一点几乎每一个中国老百姓都认同。在医疗发达的美国，这个问题同样存在，拥有约翰·霍普金斯医院[①]、海军总医院[②]、协和医院（Union Memorial Hospital）和国家医学院的马里兰州，人均医疗资源是全美国平均水平的3倍。由于医院集中，像协和医院这样历史悠久的大医院居然会为病人的数量发愁。但是在经济发达的加州，预约一个好医生通常需要等两三个月的时间，很多医生甚至只能接收老病人，无法接收新患者了。在全世界范围内，医疗资源不平衡的问题更加严重。加拿大虽然是“公费医疗”做得最好的国家，但是哪怕是做一个小手术也常常要等半年时间，做心脏手术或者癌症手术常常要等两三年，以至很多患者等不起，只好自费到美国和其他国家接受治疗。

最后，也是最关键的，很多疾病治不好，比如癌症、帕金森综合征和阿尔茨海默病。尽管全世界医生和科学家已经努力了许多年，世界各国也投入了大量资金来寻找上述疾病的治疗方法，但是在过去的20多年里，医学在这些领域的进展十分缓慢。我们不妨从各个方面来看看大数据和机器智能将如何改变全世界医疗保健以及制药行业的现状。

疾病的预防和早期发现

很多人一说到医疗马上会想到治病，但是从达到延长寿命、保证

① 绝大部分时间里，该医院被评为全美最好的医院。
② 美国总统看病的指定医院，类似于中国的301医院。

生活质量这个目的来讲，比治病更重要、更有效的是预防疾病，以及早期发现疾病。20 世纪 60 年代，美国花了很多钱投入疾病的治疗，结果 10 年将人均寿命提高了 0.7 岁，这个成绩虽然说得过去，但是和投入相比也算不上出色。到了 70 年代，美国改变了做法，将重点放到了疾病的预防上，这 10 年将人均寿命提高了 2 岁多。从此大家普遍认识到对于维持人们的健康来说，预防比治疗更有效、更重要。当然我们这里所说的预防，包括疾病的早期发现。

在各种疾病中，大家最希望能够做到早期发现的疾病当属癌症，因为如果能够及早发现癌症，治愈它或者控制它的可能性要大很多。很多国家从几十年前就开始对常见癌症进行早期筛查了，但遗憾的是效果并不好。

根据《美国医学协会会刊》（*Journal of American Medical Association*）的报道，妇女乳腺癌筛查的假阳性率高得惊人。如果以 10 年为一周期（每年一次），对每一万个参加了癌症筛查的妇女进行统计，结果是这样分布的：

- 首先，3 568 人一直呈阴性，她们没有问题，筛查过后自然就完全放心了。
- 接下来问题就来了，有 6 130 人至少有一次被发现为假阳性，也就是说她们并没有得病，但是检查的结果显示她们有疑点。可以想象，这些人心情好受不了。其中 940 人在做了穿刺确认后排除了嫌疑。

- 最后，真正有事的只有 302 人。但是在这些人中有 173 人是良性肿瘤，不用担心，甚至不用医治；有 57 人是过度诊断（早一点发现、晚一点发现都容易治愈）；有 62 人是毒性很大的肿瘤，即使早发现也治不好；有 10 人属于早发现就能治愈，晚发现就没有救的那种。

也就是说，一万个人只有 10 个人，或者说千分之一真正得益于筛查，但是为了这千分之一的准确性，要让 60% 多的人虚惊一场。因此，很多人质疑这样低准确率的筛查是否有必要，但是不筛查大家又不放心。这里面的根本原因在于，肿瘤在早期发展阶段很难被发现，现有的医疗手段对此没有好办法。而要解决这个问题，就需要长期跟踪人体新陈代谢的变化。

2016 年，硅谷成立了一家叫作 Grail 的公司，它致力于通过基因检测和大数据相结合的办法，在癌症的早期阶段发现它们。Grail 的技术源于世界上最大的基因测序仪器公司 Illumina 的一个内部项目。作为全世界最大的基因测序设备公司，Illumina 有很多（十几万）孕妇的基因数据。在这十几万人中，有 20 个人的某项数据有点怪。由于人数少，而且这些人也没有什么不健康的地方，因此没人在意。几年前的一天，Illumina 新上任了一位首席医疗官（CMO），他是一位医学专家，在无意中看到了这个数据，他马上说，这 20 个人都患有癌症。医生们都不相信，说她们都很年轻、很健康。但是这位首席医疗官坚持给她们做了进一步的检查，果然都确诊是癌症。

这件事情之后，Illumina 成立了一个部门，其使命就是通过基因检测发现早期癌症。2016 年，Illumina 公司同它的一位董事、当时在谷歌担任高级副总裁的胡贝尔商量，将这个项目独立出来变成一家单独运营的公司。胡贝尔因为太太患癌症发现得较晚，很快就去世了，几年前便开始在谷歌内部参与类似的项目（Calico）。2016 年，这家从事癌症早期检测的公司成立，取名为 Grail。Grail 这个奇怪的名字在英语里有一个特殊的含义，就是传说中的圣杯（也被称为 Holy Grail）。据说喝了圣杯里的水，人就能百病不侵，长生不老。Grail 成立之初，出资人除了 Illumina 公司和谷歌，还包括杰夫 · 贝佐斯、比尔 · 盖茨，以及乔布斯遗孀的基金会。

Grail 筛查癌症的方法是跟踪血液中的基因变化。如果人体内出现了癌细胞，死去的癌细胞和被白细胞吞噬的癌细胞会进入血液，因此血液里就会有癌细胞的基因。通过对血液中各种细胞的基因检测，就有可能在早期发现癌症。当然，这里面涉及基因的测序和大量的计算，这既是这种方法成本高昂，其他公司和科研机构过去不愿意采用的原因，也是 Grail 公司发挥其技术特长之所在。Grail 内的工程师主要来自谷歌，他们在亚马逊工程师的帮助下，将计算的成本降低了 99%。2018 年，Grail 完成了第二轮高达 12 亿美元的融资，由高盛领投，世界上一半最有名的制药厂，包括强生、默克和施贵宝等都参与了，著名的风险投资机构凯鹏华盈、中国的明星公司腾讯以及香港的陈氏兄弟公司也设法挤了进去。作为胡贝尔的朋友，我们也投资了该公司。

目前，Grail 可以通过验血给出 4 个结论：

- 是否有癌症。
- 如果有，癌细胞长在了哪里，因为不同癌症的癌细胞基因不同。
- 如果有，癌细胞发展的速度如何。有些癌症发展得很慢，有些甚至会自愈，但是有些发展得很快。
- 如果有，癌细胞对放射性是否敏感，对某种药物是否敏感，这样就知道如何治疗了。

截至 2108 年，Grail 公司已经能够准确地发现直径 2 厘米左右的肿瘤（或者癌变区域），而今天肿瘤在被发现时平均的直径是 5 厘米。因此，Grail 通过跟踪人体内基因的技术，比现有的癌症检测技术已经有了进步。 Grail 的目标是在肿瘤小于 0.5 厘米时发现它。至于为什么不能更早期地发现癌变，Grail 认为没有必要，因为人体内时不时地会有基因突变的细胞，但是它们大部分会自愈，不会对我们身体造成什么伤害。如果对不必要恐慌的病变过度预警，反而引起人们的恐慌，对身体不利。2019 年，美国食品药品监督管理局（FDA）批准了 Grail 服务的临床实验。此前它已经获得英国和中国香港和华南地区的实验许可（在中国的业务是通过收购香港地区的 Cirina 公司开展的）。该公司预计在不久的将来，可以将全身癌症筛查的成本控制在 500 美元之下。这样低的成本可以进行全民癌症筛查，这无疑将极大地延长我们的寿命。

Grail 技术的核心本质，其实是对我们人体基因变化的跟踪。今天一辆汽车里有上百个传感器监控和跟踪它的运行情况，一个喷气式发动机里面有上千个传感器记录它运行的每一个细节。有了这些跟踪，就能及早发现机器的隐患，很快解决机器的故障，达到延长使用寿命的目的。但是，我们对自身身体状态的跟踪其实才刚刚开始。Grail 的工作只是对人体非常复杂的新陈代谢的一种简单跟踪，在未来，更复杂的技术会不断出现，可以监控我们身体的各种变化。因此，健康保健问题在很大程度上就变成了一个信息处理的问题。

发现疾病之后就要进行治疗。目前治疗疾病的三大难题：治不起、就医难和治不好，这几个问题在智能时代有望在很大程度上得到解决。

降低成本和解决资源短缺

美国医疗系统有一个制度上的缺陷，就是医疗事故赔偿过高，律师拿钱太多。普华永道会计师事务所估计，这笔开销占了全部医疗保健的 10%，[1] 即上千亿美元，最保守的估计也有 550 亿美元（2011 年的估计，以 2008 年美元不变价计算），[2] 平均每个美国人每年要负担 170 美元。另外，医疗保险系统和医院的管理费偏高，加上相当一部分没

① Price Waterhouse Coopers. The Factors Fueling Rising Health Care Costs 2006. America's Health Insurance Plans Reports.2006(1),accessed,2007-10-05.

② http://www.ncbi.nlm.nih.gov/pmc/articles/PMC3048809/table/T1/.

有保险的患者赖账，医疗系统就把这部分钱加到了有能力支付的患者头上。[①] 当然，这些都不是技术问题，不在我们讨论之列，我们重点谈谈利用技术手段降低医疗成本的问题。

从医疗本身讲，医疗成本高的两个重要原因是药品的研制周期太长、费用太高，以及医务人员的培养成本和收费都很高。

我们在第四章已经分析了美国新药研制的费用问题，这是美国医疗成本高的第一个原因。

造成美国医疗成本非常高的第二个原因是医务人员的收费很高。在欧美等发达国家，医生可以说是“三高”职业——高学历、高收入和高地位，而在医生群体中，比如诊断癌症的放射科医生或者做手术的胸外科医生、脑外科医生，这类专科医生又是医生群体中收入最高的群体。他们的平均收入远远高于上市公司高管的平均水平。那么这些人的收入具体有多高呢？ 2014 年，我与斯坦福大学医学院的几位教授和医学博士聊到专科医生收入的问题，他们以放射科医生为例来形容专科医生的生活和收入。“当你获得放射科医生行医执照并且得到第一份工作时，你的高中同学的孩子都上小学了，而且他们也都事业有成了。但是，你可以很自豪地告诉他们：‘我才拿到第一份工作，不过年薪是 50 万美元！’”虽然 50 万美元的年薪并非所有的专科医生都能拿到，但是相当一部分专科医生的年收入就是这个水平，甚至

① 按照美国的法律，急救的病人送到医院后必须救治，即使没有保险。这笔钱医院一般是拿不回来的。另外，很多患者临终前最后一笔医疗费医院是拿不到的。医院实际上将这些亏损变相地加到了有医疗保险的病人身上。

更高。年薪 50 万美元是什么概念，这大约相当于美国中位数工资的 10 倍，[①] 比美国总统高 1/4。[②]

如果专科医生挣得那么多，他们的收费一定更高。比如，与放射科有关的医学影像分析行业，2014 年的花费就高达 330 亿美元左右，[③] 摊到每一个美国人头上居然高达每年 110 美元，不论你这一年是否做过透视、CT 或者核磁共振的任何检查。更可怕的是，这个花费年增长率为 7%，远远高于 GDP 的增长水平。

在美国，专科医生收费这么高的主要原因是成为专科医生太难，这个群体人数太少。要成为一名合格的专科医生，除了要智力水平高，还要经过长时间系统的训练，并且花费很多的学费和培养费。具体地讲，在美国培养一名合格的专科医生的过程大体如下。

首先，他们要完成 4 年大学本科学习，因为在美国只有获得本科学位之后才能够学医。在本科毕业后，那些所谓的医学预科生（premed）要经过激烈的竞争才能进入医学院，好的医学院的录取率要远比哈佛大学低。[④] 在医学院里，这些幸运的未来的医学博士要接受 4~5 年的医科学习，而且医学院的学习负担要比一般的研究生专业重得多。在完成医学院学习之后，如果运气好，经过 2 年左右的医院实习（实习医生）和 2~3 年的专科实习（fellow），才能获得专科的行

---

① 2014 年，美国中位数家庭收入是 6.3 万美元（数据来源：美国人口普查数据）。

② 目前美国总统的年薪是 40 万美元。

③ http://arxiv.org/ftp/arxiv/papers/1401/1401.0166.pdf.

④ 在美国排名前三的医学院（哈佛医学院、约翰·霍普金斯医学院和斯坦福大学医学院）录取率一般在 2% 左右，而哈佛大学本科录取率为 5%~6%。

医执照。整个过程平均要花费 13 年之久，中间还会有很多次被淘汰的可能。实际上，高中毕业时想成为专科医生的人并不算少，但是真正获得行医执照的少之又少。

其次，成为专科医生的学习费用也相当高，因为读医学博士的人没有奖学金，如果再考虑到读本科时也要自己掏钱，那么一个成绩优秀的学生从本科算起到医学院毕业，大概需要花费 50 万 ~70 万美元。在欧美国家，大多数人又不愿意“啃老”，因此，每一个专科医生在能够开始挣钱时都已经负债累累。从投资回报的角度讲，既然时间和金钱的投入都如此巨大，他们必须有高收入才合算。

美国医疗系统的这些症结不是简单要求医生、医院和药厂少收费就能做到的，这也是当时奥巴马医改计划在美国难以推行的原因。

在过去，像放射科医生这一类工作，被认为需要太多的专业技能，工作性质太复杂，不可能被机器取代。但是，今天智能的模式识别软件通过医学影像的识别和分析，可以比有经验的放射科医生更好地诊断病情，这将从根本上改变医疗行业的现状。

科学家和医生通过模式识别和图像理解进行医学影像分析的想法其实不是在有了大数据之后才开始的。早在 20 世纪 70 年代图像处理开始起步时，人们就想到了它在医学上的应用。但是真正取得突破性进展，并且能够比人做得更好，则是近几年的事情，因为计算机有了大量的数据可以进行学习。

在中国很多患者的心目中，看病要找“老大夫”，因为他们有经验。实际上，老大夫经验的积累就是一个通过病例（数据）学习的过程，而人学习再快也学不过计算机，这一点我们在前面分析谷歌的AlphaGo和李世石下棋的案例中已经指出了。一个放射科医生一生阅读研究的病例很难超过10万个，而计算机则很容易在上百万个病例中学习。2012年，谷歌科学比赛的第一名授予了一位来自威斯康星州的高中生，她通过对760万个乳腺癌患者的样本数据的机器学习，设计了一种确定乳腺癌癌细胞位置的算法，来帮助医生对病人进行活检，其位置预测的准确率高达96%，超过目前专科医生的水平。这位年轻学生采用的图像处理和机器学习算法并不复杂，她的成功完全得益于大数据，没有哪个医生一生能够见识760万个病例。

在医学影像分析方面，很多软件已经开始商用化，只是由于目前在临床诊断上需要有真人签署检验报告，因此这些软件给出的结果还需要人来核实后签字。即便如此，由于放射科医生的工作效率能大大提高，诊断费用也可以逐步降低。在中国，医学影像识别的准确率已经能够超过专家的水平了，它的普及和推广只是一个时间问题。

智能计算机不仅能帮助诊断，承担放射科医生的工作，还可以进行手术。今天，世界上最有代表性的做手术的机器人就是达·芬奇手术系统。达·芬奇手术系统分为两部分：手术室的手术台和医生可以在远程控制的终端。手术台是一个有3~4个机械手臂的机器人，它负责对病人进行手术，每一个机械手臂的灵活性都远远超过人类，而且带有摄像机可以进入人体内手术，因此不仅手术的创口非常小，而且能够实施一些人类医生很难完成的手术。在控制终端上，计算机可以

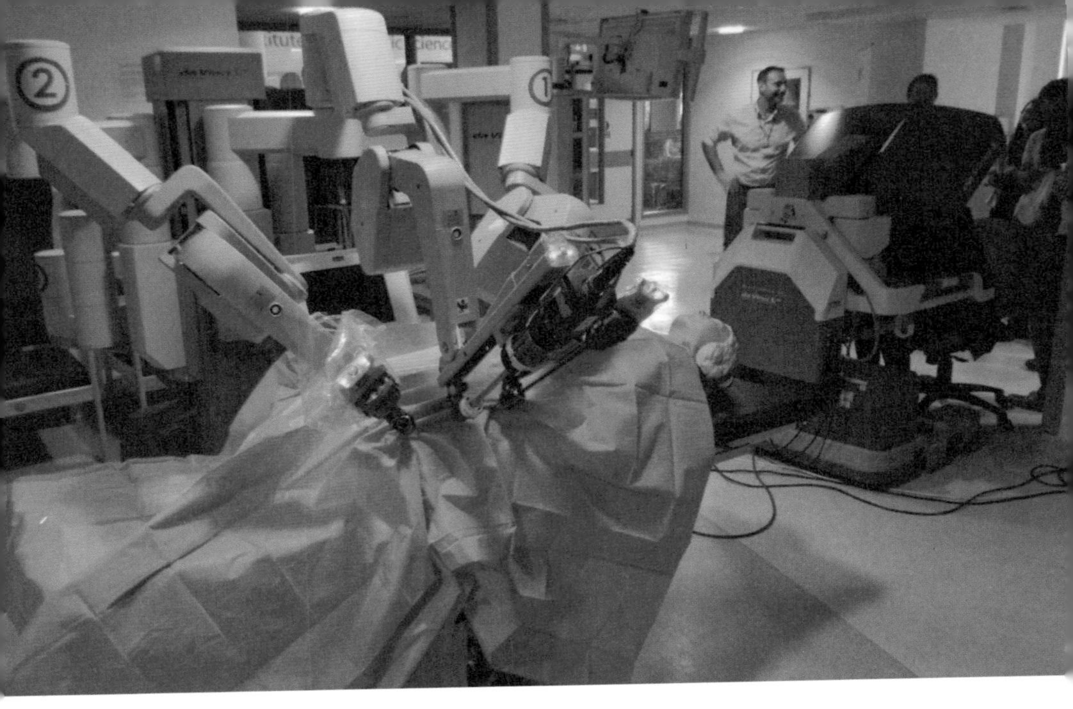

图 8–4 手术机器人达 · 芬奇的手术台

通过几台摄像机拍摄的二维图像还原出人体内高清晰度的三维图像，以便监控整个手术过程。医生也可以在远程对手术的过程进行人工干预。达 · 芬奇手术系统的主要发明人之一，约翰 · 霍普金斯大学的拉塞尔 · 泰勒（Russell Taylor）教授是我的朋友和师长，因此我有幸亲身体验操作该机器人。他为我在手术台上设置的是一个仿制的人脑，我在远程用手术刀虚拟切割时，手的感觉和切割真实的组织是一样的。截至 2017 年，全世界共装配了 4 300 多台达 · 芬奇机器人，一共完成了几十万例手术。

相比医生，计算机在诊断和做手术等方面有三大优势。

首先，它们漏判（或者失误）的可能性非常低，也就是说它们能够发现一些医生忽略的情况。

其次，它们的准确率很高，而且随着机电技术的进步和手术量的增加提高得会非常快。

据泰勒教授介绍，达·芬奇的手术误差在0.02毫米，小于头发丝的直径，远远低于专家的误差，而他正在开发的新一代手术机器人，误差可以降到0.002毫米。泰勒教授还给我看了人做手术时手的慢动作，再好的医生的手其实都是在微微抖动，而机器人的动作完全没有抖动。

最后，也是人所不具备的，那就是这些智能程序的稳定性非常好，它们不会像人那样受情绪的影响。

除了医疗成本，就医难的根本原因还在于医疗资源短缺，特别是在欠发达地区。机器智能在解决医疗资源不足的问题上同样有效。

2017年，IBM宣布他们开发的沃森（Watson）智能系统在诊断疑难病方面已经超过了专家水平。为什么计算机在诊断普通疾病上的表现尚未超越专家，但是在诊断疑难病时反而比专家的水平高呢？这是因为一个医生平时能够遇到大量普通疾病的患者，经验较多，而他们一生也见不到几例疑难病，因此经验就显得不足了。而计算机能够在很短的时间内从各个医院汇集同一种疾病大量的数据，因此它进步的速度远远超过人类的医生。

制药业的革命

2013年，谷歌宣布成立独资的IT医疗公司Calico，并且聘请了世界知名的生物系统专家阿瑟·李文森博士担任CEO。李文森博士曾经是世界上最大的生物制药公司基因泰克[①]的 CEO，在接受谷歌任命时，他依然担任着基因泰克的董事会主席以及当时全球市值最高的公司——苹果公司的董事会主席，可谓是整个工业界最有权势的人物之一。在一些人看来，李文森接受谷歌的邀请担任其一个子公司的 CEO 有点屈尊了，但是他认为自己有可能开创一个改变人类命运的事业，因为他将利用大数据和其他 IT 技术设法延长人类的寿命。

李文森用了一个大家熟知的例子——医治癌症，来说明大数据在未来医疗卫生中将扮演什么角色。

治愈癌症是人类半个多世纪以来的梦想。在 20 世纪 50 年代，著名的工程师、被誉为“晶体管之父”的约翰·罗宾森皮尔斯（John Robinson Pierce，1910—2002）把治愈癌症和登月、识别语音、水变油、海水里提炼黄金并列为人类难以解决的五大难题。1969 年，人类实现了登月；从 20 世纪 70 年代开始，计算机语音识别也取得了长足的进步，今天这个问题被认为已经解决了；但是攻克癌症还显得遥遥无期，尽管对特定的人来说，一些癌症是可以控制的。

人类在抗癌研究方面投入的资金比阿波罗登月或者语音识别要多得多，但为什么至今依然难以根治癌症呢？李文森博士讲，世界上并不存在一种一劳永逸的万灵药，能够像青霉素杀死细菌那样杀死所有的癌细胞。这是今天医学界普遍的认知，与半个世纪前大不相同。我们知道，癌细胞是动物和人自身细胞在复制的过程中基因出了错，而

① 基因泰克公司的主营业务是利用基因技术研制抗癌药。

非来自体外，因此它们与人和动物正常的细胞非常相似。今天最有效的方法是，使用基因技术研制出的抗癌药来治疗，从机理上讲是找到病变的基因并且把相应的癌细胞杀死。不过，由于不同人即使得了同一种癌，其癌细胞病变的基因也未必相同，因此一种抗癌药可能对某些病人管用，但是对其他病人并不管用。我们通常听到的发生在身边的故事就是这样。实际上，大部分医生在给癌症患者用药时，需要对患者进行基因比对，以确定是否能用某种抗癌药。

医治癌症最根本的难点在于癌细胞本身的复制也会出错。这一点其实并不难理解，因为基因在复制的过程中出了一次错误就可能出第二次。这样一来，原本管用的抗癌药就变得不管用了。抗癌药在杀死癌细胞时，未必能够把所有的癌细胞都杀死，[①] 哪怕只有一个癌细胞未被杀死，它依然可以迅速繁殖，并且可能出现新的基因突变。我们通常会听到这一类故事：某个患有癌症的亲友已经将病情控制了很长时间，突然一夜之间复发，而且药物不起作用，很快便离世了。这里面的原因就是癌细胞基因的变化使原有的抗癌药不灵了。

由于癌细胞基因的突变和人有关，而且可能一再突变，因此要想彻底解决问题，就需要针对不同的患者设计特定的抗癌药，而且要根据患者癌细胞每一次新的变化研制新药。李文森博士认为，只要这个研制速度能够赶得上癌细胞的变化，那么，即使不能彻底杀死所有的癌细胞，患者仍可以长期和癌症共存。从理论上讲，这种方法是可

① 如果刻意用很大剂量的药物试图杀死所有的癌细胞，可能导致人的免疫系统先被破坏，对患者反而有害无益。在救治的过程中，因免疫系统被破坏而死亡的病人非常多。

行的。但是这样做的成本太高：首先要有一个专门的研发团队围绕每一个患者进行药品的研制，而且研发的速度还要足够快；其次，它的花费至少在每人 10 亿美元以上。因此，全世界除了个别的亿万富翁，都不可能用这种方法来治疗癌症。这就是目前人类在抗癌方面遇到的困境，这个困境是无法通过传统的医学进步走出来的。事实上，在过去的 20 多年甚至更长的时间里，全世界医学界对癌症机理的理解和治疗方式的改进都非常有限。

那么出路在哪里呢？李文森博士认为这要依靠最新的 IT 技术，尤其是大数据。根据基因泰克的科学家解释，我们已知的各种可能导致肿瘤的基因错误不过在“万”这个数量级，而已知的癌症不过在“百”这个数量级。也就是说，即使考虑到所有可能的恶性基因复制错误和各种癌症的组合，不过是几百万到上千万种，这个数量级在 IT 领域是非常小的，但是在医学领域近乎无穷大。如果能利用大数据技术，在不超过几千万种组合中找到各种真正导致癌变的组合，并且对这样的每一种组合都找到相应的药物，那么将能够治疗所有人可能产生的病变。针对不同人的不同病变，只要从药品库中选一种药即可。比如对患者约翰，他原本是使用第 1203 号药品，如果发生新的病变，经过检查确认后，改用 256 号药品即可，这样并不需要每一次重新研制药品，如此一来，便可以控制癌症了。虽然成千上万种药的总研发成本不低，但是如果摊到全世界每一个癌症患者身上，李文森博士估计只需要人均 5 000 美元左右。

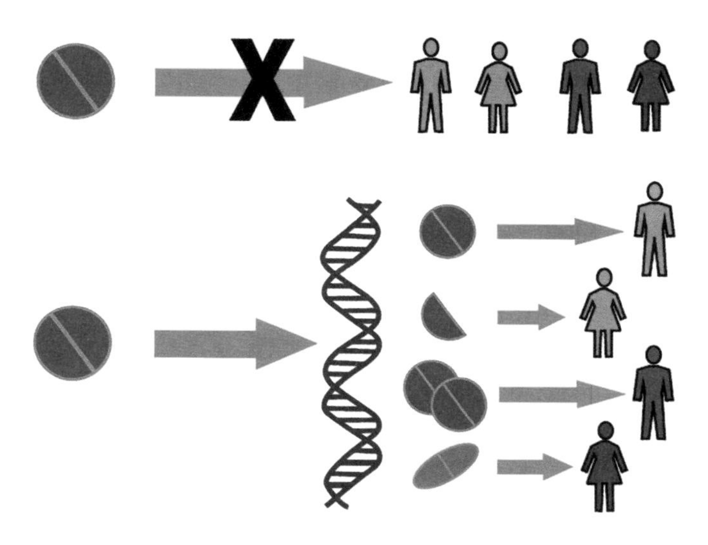

图 8–5 个性化药品

李文森博士所倡导的为每一个患者设计个性化特效药的思路，如今已被制药行业和医学界普遍认可。在美国著名的加州大学旧金山分校医学院里，阿图尔·比特（Atul Butte）教授建立起医学大数据中心，专门从事利用大数据寻找个性化药品的研究工作。根据该中心的陈斌副教授介绍，美国只有 1/7 左右的临床证明有效的药品最终能够走完 FDA 全部审批流程并最终上市；剩下的 6/7 的药品，虽然在小范围内使用时对一些病人确实有很好的疗效，但是在使用到大量患者身上时，平均效果并不显著，因此最终被 FDA 否决。该中心通过研究发现，其中不少药其实对特定的人群有效，现在的关键是找到那些特定的人群，让那些研制过程中被淘汰的所谓“废药”

经过改造后能够重新被利用。在未来，可能一种疾病会有不同的药品医治，而不同的人会有不同的特效药。

人类是否可以长生不老

除了个性化制药，李文森博士认为大数据可以帮助治疗那些用传统医学方法难以医治的疾病，而这个意义甚至比治愈癌症更大。根据李文森博士的数据，人类即使能够解决治疗癌症的难题，也不过将平均寿命延长 3.5 年左右。[①] 在他和谷歌创始人之一拉里 · 佩奇看来，治疗癌症的意义远没有大众想象的大，而人类长寿面临的最大挑战是衰老问题——只要人们活得足够长（而且不患癌症），最后的结局都会是阿尔茨海默病，无一例外。可以想象，当人类的平均寿命延长到 90 岁以上后，所见之处是成群的阿尔茨海默病患者。据麻省理工学院理学院院长迈克尔 · 斯普瑟（Michael Sipser）博士介绍，在过去的 10 年里（2006—2016 年），美国癌症、艾滋病、心脏病和中风的死亡率都在下降，下降的幅度在 20%~40%，但是阿尔茨海默病导致的死亡率却上升了 40%。在李文森博士看来，延长人的寿命关键是要找到衰老基因。至于怎么找，则需要使用大数据，而谷歌的特长是善于处理大数据，因此这便促成了李文森博士和谷歌共同创建大数据医疗保健公司 Calico 一事。

---

① 大部分人终身并不会得癌症，因此将癌症患者寿命延长的时间平摊到所有人头上，远没有想象的那么多。

媒体对 Calico 给予了厚望，《时代》杂志登载了题为《谷歌能否战胜死神？》的封面文章（见图 8–6），与其说它揭示了谷歌的野心，不如说寄托了大众对新的医学研究的期望。从意识到死亡以来，人类一直想找出终止走向死亡过程的方法。从哲学的层面看，有生必定有死，长生不老是妄想。但是找到导致衰老的基因，同时修复我们身体细胞在复制时出错的基因，或许是一条人类延年益寿的有效途径。

图 8–6 《时代》的封面文章——《谷歌能否战胜死神》

当然，谷歌也明白，光靠自己一家的力量是无法解决如何防止衰老这一难题的。为了便于全球科学家一同努力来解决这个难题，谷歌和斯坦福大学医学院以及杜克大学医学院一起，将建立一个标准的人类医疗数据库，这个数据库中包括 5 000 人全部的生理和医疗信息。三家参与方希望该数据库能成为全球科学家做研究和发表科研成果的基准（baseline）数据库。除了谷歌之外，更多的 IT 公司和 IT 人士开始涉足医疗领域。事实上，由加州大学圣迭戈分校教授约翰 · 克雷格 · 温特（John Craig Venter）等人创办的人类长寿公司（Home Longevity）在这方面甚至走到了谷歌的前面。该公司于 2013 年成立，今天已经开始为一些大制药厂提供与基因技术有关的服务了。人类长寿公司的方法完全基于大数据，为此它聘请了谷歌著名科学家、谷歌翻译的负责人奥科博士担任首席科学家，而奥科每天所做的事情依然是机器学习，这和他在谷歌没有太多的不同，只是数据从语言数据变成了生物数据。与 Calico 所不同的是，人类长寿公司拥有临床数据，因此在将基因和疾病联系起来并且找到治疗疾病的方法方面与应用更接近。

如果 Calico、人类长寿公司或者其他什么公司能够利用庞大的数据找到很多疾病的基因根源，那么接下来的问题就是如何修复基因了。2014 年，麻省理工学院评选出的当年 10 项重大科技突破中有一项技术恰恰就是基因编辑技术，其主要发明单位和发明者是中国云南省灵长类生物医学重点实验室、加州大学伯克利分校的珍妮弗 · 杜德纳（Jennifer Doudna）博士、麻省理工学院的张峰博士和哈佛大学的乔治 · 彻奇（George Church）博士。其中杜德纳博士和从事这项技术应用的瑞士科学家伊曼纽尔勒 · 卡彭蒂尔（Emmanuelle Charpentier）

获得了2015年的突破奖[①]。如果我们能够发现那些致病的基因，并且使用这项技术修复基因，那么人类的寿命有希望大大延长。当然，这项技术也会带来一个巨大的伦理上的挑战，不过这不在我们的讨论范围内。

至于Calico和人类长寿公司的成果何时能够商业化，这两家公司都不愿意透露细节，但是至少它们给了我们长寿的希望。

机器智能能够改变的所谓高级工作，不仅在医学领域，还在法律、金融和新闻等诸多领域。

未来的律师业

我们在前面讲到的大数据思维其实已经改变了司法领域的工作方式，诉讼的一方会通过数据之间的强相关性寻找证据，而司法领域也认可这一类证据。大数据对司法领域的另一个重大影响在于机器智能会逐渐取代律师做一些案例分析工作，这使得诉讼的成本有可能大幅度下降。

与医生类似，律师过去在发达国家也被认为是最“高大上”的职业。由于打官司的过程长、费用高，而且法庭的判罚常常带有惩罚性

① 突破奖（Breakthrough Prize）由谢尔盖·布林夫妇、马云夫妇、扎克伯格夫妇和俄罗斯著名投资人米尔纳夫妇设立，每年授予在生命科学、数学和理论物理学领域做出杰出贡献的科学家。由于每个奖项的奖金数额高达300万美元，远远超过目前诺贝尔奖的170多万美元，又被称为超级诺贝尔奖。和诺贝尔奖所不同的是，该奖获奖的项目并不需要验证其影响力，因此可以被授予最新的科技突破，而不是几十年前的重大贡献。

质（而不是简单的赔偿性质），因此律师的工作显得特别重要，而诉讼双方付出的律师费用也高得惊人。2010 年，Viacom 国际公司（ABC 电视网的母公司）诉谷歌旗下的 YouTube 侵犯其视频版权，并且要求 10 亿美元左右的赔偿。后来 Viacom 被发现是自己一边在 YouTube 上传视频，一边告 YouTube，因此而败诉。但是，谷歌为了打赢官司依然付出了 1 亿美元左右的律师费。在苹果与三星一场更大的诉讼中，双方付出的律师费更高。虽然一些小公司之间的诉讼未必像谷歌、三星和苹果这样的公司那么花钱，但是费用绝对不低。根据美国知识产权法律协会的调查结果，对于专利赔偿诉求在 100 万美元之下的小官司，双方的律师费花销居然高达 65 万美元（中位数）；对于赔偿诉求在 100 万 ~2 500 万美元之间的专利官司，律师费花销为 250 万美元（中位数）；对于那些赔偿诉求在 2 500 万美元以上的大官司，律师费用更是高达 500 万美元（中位数）。①

高昂的律师费不仅对大公司来讲是个负担，而且使小公司几乎难以赢得官司，因为它们常常在打赢官司之前就已经拿不出律师费将官司继续打下去了。在美国打官司，律师费用高昂的原因有很多，其中最重要的一个是英美法系是判例型法律体系（又称海洋法系），打一场大官司，需要将历史上相关的官司法律文件都拿出来分析，这个工作量巨大。像谷歌和 Viacom 之间的官司，需要分析上百万份历史文档。

① http://www.cnet.com/news/how-much-is-that-patent-lawsuit-going-to-cost-you/.

到了大数据时代，这个情况会慢慢得到改变。今天，一些公司利用自然语言处理和信息检索技术，发明了让计算机阅读和分析法律文献的软件，可以取代很多人工。位于硅谷帕罗奥多市的 Blackstone Discovery 公司（黑石发现）发明了一种处理法律文件的自然语言处理软件，使律师的效率可以提高 500 倍，而打官司的成本可以下降 99%，这意味着未来将有相当多的律师（尤其是初级水平的律师）可能失去工作。事实上这件事情在美国已经发生，新毕业的法学院学生找到正式工作的时间比以前长了很多。

2015 年，统计调查公司 Altman Weil Flash 对美国律师事务所的负责人进行了一项民意调查（见图 8–7），了解他们对自然语言处理软件是否能够取代律师的看法。总的来讲，大多数人相信计算机最终能够取代人类当律师，只有 20% 的受调查者认为计算机无法取代人类。

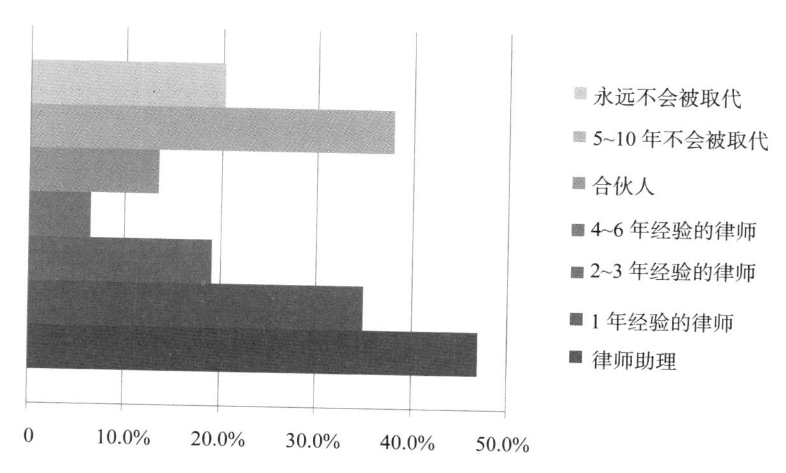

图 8–7 Altman Weil Flash 公司对计算机是否能取代律师的调查结果

另外，有 38% 的受调查者认为在 5~10 年内计算机还不能取代人类。47% 的受调查者认为，在 5~10 年内，律师助理将失去工作。这对律师事务所的合伙人以及客户来讲，或许是个好消息，因为诉讼的成本可以下降。不过，尽管智能计算机取代有经验的律师要稍微难一些，但是依然有 13.5% 的受调查者认为，律师事务所里面处在金字塔顶端的合伙人也会被计算机取代。因此对这个行业来说，机器智能其实是一把双刃剑。

未来的记者和编辑

如果我们把计算机分析案卷和病历看成是一种阅读行为，那么今天的计算机已经发展到不仅能读，而且还能写作了。其实在自动回答问题时，计算机就已经具有了简单的写作能力，因为计算机回答问题的最后一个步骤就是将知识的片段写成优美的文字段落。当然，在回答问题时，所需要写的只是简单的段落而非完整的文章。

今天计算机的写作水平已经达到什么程度？我们可以把写作从简单到复杂分为下面 5 个层次：

- 书写完整的句子。
- 组织几个句子构成符合逻辑的段落。
- 给予特定格式或者写作模板，能够清晰传递信息，表达意思。
- 能够不限定格式地写作内容，达到一般人的平均水平。

• 能够达到专业记者、作家和学者水平。

在组织构造问题答案时，计算机已经达到了第二个层次。实际上目前计算机的写作水平比这个层次还高一点，它能够完成结构比较清晰、格式固定的新闻稿，因此基本上达到了第三个层次的要求。

今天美国很多媒体的财经新闻，尤其是对公司财报的评述，其实已经是由计算机产生的了。比如 IBM 公司曾经发布了 2015 年四季度的财报，计算机会先“读”一遍该公司财报的内容，然后提取出主要信息，比如该季度的收入、利润，与华尔街预期的对比，人员情况，市场份额，等等；然后计算机可以写一篇关于 IBM 业绩的新闻稿，当然最后在发表前还会经过一些人工的润色处理。至于有些新闻报道说计算机能够写诗，那只不过是媒体用机器智能做一些吸引眼球的事情而已。计算机还远不能达到自己抒发感情的程度，而且它写作的方式其实和人完全不同。

计算机如何写作呢？实际上它的写作方式和我们人在学习外语时造句的方法大相径庭。它不是根据语法和所要表达的意思编句子，而是从大量文本语料中学习写作。我们常用“熟读唐诗三百首，不会作诗也会吟”说明背诵过去的范文对写作的帮助，而计算机的长处恰恰在于它能够背，而且能够快速读取非常多的样本并背下来。有了那些数据，计算机就能够写出非常不错的古体诗。比如下面两首诗就是由我编写的计算机程序完成的。这个程序没有考虑诗的平仄，但是它的水平可能超过大学中文系学生写古诗的水平。

（一）

空愁走百川，

微露贵乡还。

故园人不见，

远望忆长安。

（二）

东城淡日初破晓，

薄云远帆送客棹。

临亭桥边渔家忙，

镜山湖东春色早。

计算机写财经评论的方法也是类似，它是根据以前很多报纸上多年积累的财经类的文章，训练出各类财经文章的模板，然后每次根据从财报中读出的信息，合成一篇文章。当然，这样合成的文章读起来未免生硬，因此计算机还要用一种被称为语言模型[①]的概率模型，将文字构造成优美的句子，再用另一个语言模型将句子组合成段落。这些模型也是从以往的数据中训练出来的。当然，像《华尔街日报》《纽约时报》这样的大报在发稿前还会让编辑润色文字，而一些网络媒体常常会直接刊登计算机写的财经文章。计算机写作大大提高了新闻行业的效率，但是同时也让记者和编辑这类工作不断萎缩。或许再过若

① 简单地讲，统计语言模型是一个判定单词串是否像一个合理的句子的概率模型。要想了解语言模型更多的细节内容，请参见拙著《数学之美》。

干年，我们在编辑部里看到的景象不再是一批伏案工作的编辑，而是一台台计算机，这个行业也就被重新定义了。

未来的生产关系

今天，生产关系的三要素，即生产资料所有制形式、人与人的关系和分配制度，后两者更重要一些。因为生产资料在今天相对便宜，而人才是生产的主体。随着技术水平的提升，人与人的关系和分配制度也在不断地改进。在第一次工业革命中，生产过程中人和人的关系是赤裸裸的雇佣和被雇佣的关系，如何分配完全由资本家说了算；在第二次工业革命中，人和人的关系是一种较为温情的雇佣关系，受雇的一方基本权益是有保障的，但是享受不到因为企业发展而产生的巨大收益；到了第三次工业革命，也就是信息革命时期，期权制度的出现让员工可以和经营者一样，分享到企业发展的收益，他们之间是自由组合的合作关系，也极大地调动了员工的积极性。这些都是技术革命在生产关系上所带来的进步的一面。

但是，另一方面，技术革命通过新的生产关系，将工人（雇员）们的收入差距拉得越来越大。在第一次工业革命时期，同一个工种的产业工人收入差不多，这就如同 2000 年前后在深圳生产线上的工人收入差不多一样。但是，到了第二次工业革命时期，受雇于不同工厂的同工种工人差距就很大，比如当时在福特汽车和 IBM 这样公司里的雇员，收入比同行业的人高出了一倍左右。等到了第三次工业革命，由于一些企业开始向普通员工发放股票期权，同一行业里的员工收入的差异就是巨大的了。比如，在硅谷的明星公司里，员工从股票期权获得的收入远比从工资中得到得多，甚至高出一个数量级；而同行业表现一般的企业，员工的绝大部分收入就是基本工资。我在《浪潮之巅》一书中详细讲述了股票期权的本质，简单地讲，就是将员工的命运和企业未来的（而不是当下的）命运绑定在一起。员工对企业的贡献，则通过他们手上的期权变成了直接的经济利益。

从 20 世纪 60 年代开始，硅谷的科技公司就普遍采用发放期权的方式吸引有才能的员工。今天谷歌、Facebook 和亚马逊等公司的基层员工，收入常常比一家传统一点的科技企业（比如英特尔和思科）里的总监还要高，而早期员工的收入远比后者的高管要高得多。在中国情况也是类似，早些年加入腾讯或者阿里巴巴的员工，收入比一般企业的高管高得多。近年来中国流行一个概念——财富自由，而很多获得财富自由的人，不过是大学毕业后刚好去了一个好单位，赶上了企业估值不断上升，而且成功上市。他们的同学，即使比他们优秀，因为没有那么好的运气，也依然要朝九晚五地上班养家。

期权制度最大的威力在于将过去企业在利益分配上的零和游戏，变成了一种非零和游戏。过去企业通过发奖金和福利吸引员工，实际上是让资方出让了一部分利润分给大家。但是企业利润的总和依然是常数，一方拿多了，另一方就少了。企业在欣欣向荣时矛盾还不突出，遇到危机，双方便要爆发激烈的劳资纠纷。期权制度最大的好处在于它不是零和游戏，如果企业办得好，大家是从资本市场上获利，都有利可图；如果办不好，大家只能团结起来扭亏为盈，重新得到市场的认可。

在接下来的智能时代，生产关系将进一步改变，不仅一个企业内部人和人之间的关系会变得更平等，收入和贡献会更好地挂钩，而且商家和顾客之间的关系也会超越原来简单的买卖关系，顾客对商家的贡献也可以被记录下来并得到褒奖。为了说明这一点，我们不妨看两个例子。

为什么小米在当时诸多新的手机公司中脱颖而出？你可以说是他们的创始团队水平高，或者早期员工更努力，抑或投资人支持的力度强，他们的贡献都通过股票和期权反映出来了。但是，有一种人的贡献很大，却没有被认可，那就是最初购买小米手机的一批用户，也被称为“米粉”。没有他们，小米作为一家新公司就无法起步。这部分人是否应该从小米后来聚集的巨大财富中分一杯羹呢？答案是肯定的，但是今天没有一种方式可以很方便地评估和记录他们的贡献。

比小米公司更依赖早期用户的是像滴滴出行这样的网约车公司。坦率地讲，滴滴出行相比同时代的竞争者，起初没有什么技术优势。它的成功有很大的偶然性，即它更早地签约了上万名司机，让上百万乘客尝试了它的服务，这样它就先于竞争对手产生了网络效应。这些人对滴滴出行的贡献好比腾讯或者阿里巴巴的早期员工，但是他们的贡献也无法被记录并且得到褒奖。

随着大数据和区块链技术的出现，上述问题有望得到解决。著名的区块链技术公司 Difinity 的创始人汤姆·丁（Tom Ding）给大家描述了一种利用区块链和虚拟货币褒奖早期用户的做法。我们还是用网约车为例来说明他的想法。

网约车服务上线后，可以发放一批虚拟货币，我们假设将之叫作约车币，它是打车人和司机直接结算的工具。打车人为了打车需要购买约车币，而司机在收到约车币之后，可以兑换回现金。但是，司机还有一种选择，就是留着约车币不兑换。如果约车平台生意越做越大，需要的约车币多了，原有的约车币就可以一拆二进行流通，这样司机保留的约车币对应的财富就翻了一番。而如果一个乘客看好这家企业，一开始多充值了一些约车币，打车本身并没有花完，他手上的财富也随之增加。如果这个平台最终越做越大，那么不仅网约车公司挣钱，而且在早期握有约车币的司机和乘客也都挣到了钱。这和企业早期员工能够通过股票、期权挣钱的道理是类似的。这样一来，通过区块链就建立起一种新的生产关系，商业活动的双方不再是简单的买卖关系，彼此之间的利益分配也不再是零和游戏，他们是一个利益整体，双方今后潜在的收益都取决于他们所共同打造的生态链的价值能否上升。

当然，这样联系紧密的买卖关系也让个人财富的差距进一步拉大。过去一个人选错了工作单位，收入差距会很大，将来是用错了服务平台，收入可能都会有差距。从很多角度来看，未来人与人之间收入差距的拉大是难以阻止的趋势。

本章小结

大数据将导致我们社会的产业升级和变迁。不过，如果对比每一次产业革命前后产业的变化，你就会发现其实人类很多基本的需求并没有变，只是采用了新技术后，新产业会取代旧产业满足人类的需求。在技术革命时，固守旧产业是没有出路的。

机器智能会给人类带来一个终极问题：既然什么事情都可以让机器来做，而且还比人做得好，那么人类怎么办？我们将在下一章中重点讨论这个问题。

09

未来的社会

在历次技术革命中，一个人、一家企业，甚至一个国家，可以选择的道路只有两条：要么加入浪潮，成为前2%的一员；要么观望徘徊，被淘汰。

“这是最好的时代，也是最坏的时代。”这是英国文豪狄更斯在他的名著《双城记》中开篇的一句话。100 多年来它不断地被人引用，在这里我们再次引用它来形容智能革命给我们带来的未来社会。一方面，智能革命无疑将给我们带来一个更美好的社会，它是智能的、精细化的和人性化的，从这个角度看，智能社会无疑是迄今为止人类文明史上最好的社会。但是另一方面，智能革命也将给我们带来空前的挑战。随着大数据和机器智能的不断普及，我们会发现机器越来越多地占据了我们人类的工作机会，这个过程在一开始悄无声息，但是当发展到一个拐点，我们就会发现这个趋势将不可逆转。大数据和机器智能造福人类的同时，也会造成非常多的社会问题，甚至让我们不知所措。因此，或许有人会觉得这是最坏的时代。我们无意评论智能社会的好坏，只是希望大家对它所带来的冲击有所准备。

智能化社会

智能化社会表现在整个社会从宏观到微观的各个层面，在这一小节，我们先来关注宏观层面的变化。

大数据和机器智能将把我们社会的管理水平提升到一个前所未有的高度，使我们生活的环境更加安全。

2014 年跨年夜，上海外滩陈毅广场的台阶处发生了一起踩踏事故，截至 2015 年 1 月 2 日，事故共造成 36 人死亡、49 人受伤。踩踏悲剧发生的根本原因是那个地区的人流量太高。据报道，事故发生前外滩地区人流量超过 100 万人，已超出该地区 30 万人的人流量上限。如果能够在事情发生之前或者在事件开始时准确地预测人流量，并且在第一时间通知周围的行人，就能在很大程度上预防悲剧的发生。那么这件事是否能做到呢？

事实上，在上海踩踏事件发生之后，百度就开发了预测热门城市和景点的拥挤情况等相关信息的服务。为什么百度能做到呢？其实说起来并不复杂，因为百度能够从安装了它的 App 的大量用户手里得到人流的信息。这些数据汇总后，可以训练出一个根据人流和时间变化的模型，在未来的时间里，可以根据当前人流分布使用这个模型预测在未来的几个小时里人流情况。如果发现过多的人流涌向某一个地点，那么就可以预警。

如果推广利用大数据预防踩踏事件的方法，就会发现它可以适用于很多类似的情况。交通拥堵是今天住在大都市里的人每天的烦心事，那么是否有可能通过城市整体上的智能交通或多或少地改进交通路况呢？从目前一些城市的实验结果来看这是能够做到的。谷歌自动驾驶汽车的研发团队曾经做过粗略的估算，如果道路上所有的汽车都是能够相互协调配合的自动驾驶汽车，即使不减少车的数量，只是对行车路线实现规划和协调，每个人平均通勤的时间至少可以缩短 20% 以上。滴滴出行在济南做过类似的实验，也得到几乎相同的结论。

这样的结果并未出乎人们的意料，因为对交通做整体规划一定能够更好地利用道路，减少拥堵的发生，并且在拥堵发生后，让附近行驶的车辆能够及时地规避拥堵。虽然自动驾驶汽车的普及还显得有些遥远，但是利用智能手机在很大程度上可以取得类似的效果。当然，如果使用车联网，改善会更加明显。

拥堵是一个世界性问题，因此一些国家政府在资助研究机构寻找解决办法。美国国家科学基金会（National Science Foundation，简称 NSF）和国防部下属的美国国防高级研究计划局就资助了不少大学的研究团队，研究利用大数据从整个城市的层面优化交通的项目。其中一个由大学主导的项目团队，已经开发了一整套基于智能手机和其他移动设备规划城市交通，以及优化每一个人出行的智能交通系统，并且在美国 4 个大城市开始试运行。由于该团队正在进行商业融资，不便于披露团队的细节情况，我们暂且称该团队为 X 团队，对应的项目为 X 项目。X 项目的核心是利用实时的大数据更合理地在空间和时间上分配和利用交通资源（比如道路和停车场）。

通过手机 App 有效地利用空间资源比较容易理解，未来的智能交通管理系统可以从每一个安装了这类 App 的出行人那里，全面了解并且预测城市每一条道路的交通情况，比如哪些道路拥堵，哪些相对顺畅；同时也能够了解每一位出行者的情况，比如是自己开车、乘坐公交、骑自行车还是步行，以预测各条道路未来可能出现的交通状况。这种智能交通管理系统的一个突出优势是，它运行的时间越长，历史数据收集得越多，对未来路况的预测就越准确。

在时间上优化一个城市的交通资源，就必须做到统筹每一个人每天的出行状况甚至是活动安排。在信息时代，不少人上班的时间比较灵活，早上班半小时或者晚回家半小时其实不影响工作和生活。X 项目对这一类人通常会建议一个每天最佳的上下班时间。X 团队研究发现，很多时候早出发 5 分钟可以早到半小时，或者晚出发半小时，仅仅晚到 5 分钟而已。因此他们会根据每个人的工作安排，比如上午第一个会议的时间，给出这些通勤的人最佳的出门时间和路径。当然，城市里还有很多人每天出行很规律（比如早上送孩子上学，然后去上班，下班后去买菜，然后回家，等等），强行要求他们改变生活习惯是行不通的，不过 X 项目的智能城市管理系统会给这些人提供详细的交通分析数据，帮助他们选择更好的出行时间和次序。

安装了智能交通 App 的用户可能会有一个担忧，就是自己的行踪会完全暴露。为了保护个人隐私，X 团队从来不保存使用者在起点和终点 0.5 英里（约 800 米）范围内的活动路径。他们解释说，这样虽然损失一些信息，但是对掌控一个城市交通的整体情况已经足够了。更主要的是，如果政府部门要求他们提供使用者的相关信息，他们可以不提供，因为他们确实没有。

X 团队已经和美国多个大型城市合作试用了该系统，结果表明使用者每天可以节省 20 分钟左右的通勤时间，即从 70 分钟减少到 50 分钟。不要小看这 20 分钟，如果像北京这样的大都市每人每天能在通勤上节省 20 分钟时间，社会效益是非常可观的。

智能交通不仅对通勤有好处，也方便市政当局优化和调整全市整体的交通状况。首先，可以通过每天的交通情况制定拼车车道[①]的使用时间，引导大家尽可能地分散出行的时间和使用的道路（见图 9–1）。在硅谷地区，个别车道在交通高峰时期是自动收费的。这个措施实行以后，不少通勤的人开始调整自己的出行时间和办事次序。当然，目前硅谷地区这些车道的控制还没有利用大数据；如果使用，效果会更加明显。

图 9–1 最左边的快速通道为拼车车道

① 在美国，很多道路在交通高峰期要求车上必须坐两个或两个以上的人才能使用快速车道，这些车道被称为拼车车道。

利用大数据管理交通还可以根据实时流量和对未来流量的预测，调整交通信号灯的时间。目前世界上大部分城市的交通信号灯互相并不连通，而时间控制的策略总体上是固定的。我们经常看到在十字路口，另一个方向的道路已经没有了汽车而信号灯还是绿的，而自己的方向堵成了一条长龙。如果能够利用交通流量信息对交通信号灯进行整体控制，就能缩短总体的交通时间。苏州工业园沿着这个思路对交通信号灯的控制进行了调整，将主干道及其两侧的通行时间缩短了 10 分钟左右。

今天，世界上主要的大城市都已经没有了大规模扩建街道的可能性，但是其中大部分大城市的人口还在增加，流动人口也越来越多，因此除了更聪明地在时间和空间上利用好现有道路，别无他法。

大数据对于交通状况的改进，其实只是在帮助城市管理方面所做的一件具体的事情。相比交通拥堵，生活在大城市里的人或许更关心人身安全，而对人身安全的威胁有两类。第一类是恐怖袭击。其中危害最大，甚至带来了世界格局改变的当属 2001 年美国遭遇的“9 · 11”恐怖袭击事件。此后，全球都面临反恐问题，尽管美国、欧洲和中国都加强了反恐的力度，但是总的来讲全球恐怖袭击事件越来越频繁。比如，2015 年 11 月在法国巴黎发生的大规模恐怖袭击，次年 7 月在法国尼斯发生的袭击案，以及同一年在德国慕尼黑发生的重大枪击案，等等。当然，相比发生的恐怖袭击，挫败的阴谋则至少高出一个数量级。大部分恐怖袭击之所以能够在发生之前就被挫败，要感谢情报的收集和随后的大数据分析，很多高危嫌疑人的行踪被锁定，甚至被限制。法国在巴黎恐怖事件之后，就限制了大批情报机构认定的高危人员。除了预警，大数据还给打击恐怖分子带来了曙光，我们不妨来看一个真实的案例。

根据俄罗斯官方报道，1996 年 4 月 21 日深夜，俄罗斯在车臣叛军首领杜达耶夫用手机通话时，用 A-50 空中预警机根据无线电波锁定了他的位置，然后发射导弹将其炸死。这件事给大家一个提示：大部分恐怖分子今天也是使用手机通信联络的。今天在很多国家的安全部门，通过对某个特定地区（比如一栋办公大楼）内全部手机和电子设备（包括各种移动设备和可穿戴式设备）的甄别和跟踪，预警外来的可疑人员（带有不认识的设备，或者已被怀疑的设备），然后使用智能摄像头监控和跟踪那些可疑的人。这样就有效地防范了很多可能发生的恐怖袭击。

相比恐怖袭击，其实第二类犯罪行为对人身安全所造成的整体伤害更大，那就是我们在第七章里讲到的城市犯罪率。你可能会惊讶于美国旧金山湾区（通常被称为硅谷的地区）犯罪率之高，但是这和芝加哥地区相比简直是小巫见大巫。2016 年，芝加哥地区就发生了 3 550 起枪击案，死 762 人，伤 4 331 人。在国庆日 7 月 4 日一天，该城就发生了 60 多起枪击案。人们之所以更担心的是恐怖袭击，而不是日常犯罪，是因为前者虽然发生的次数较少，但是规模很大，更能让恐慌在社会上蔓延。这就如同大家对空难非常恐惧，但是对每年死亡人数多出上百倍的公路交通死亡事件却常常不太关心一样。

从某种角度上讲，降低犯罪率比反恐更难，因为它的数量太多。过去因为警力不够，只好放弃对那些相对危害较小的犯罪行为的防范，而这就很容易让犯罪分子钻空子。2010 年美国爆发占领华尔街的运动之后，一些大中城市也出现了类似的示威，于是警察不得不到现场维持秩序，而导致周边的犯罪率陡然上升。要解决这个问题，过去只能增加警察的数量，今天则可以依靠技术手段，在不增加警力的情况下降低犯罪率。

除了我们前面提到的加强各种监控，以及在后台进行大数据分析发现潜在的危险，对容易遭到侵害对象的保护，也起到了预防犯罪和减少损失的作用。

近年来，中国很多车辆经常被碰瓷或者被恶意损害，但是这一两年这类的犯罪行为明显减少，这要感谢行车记录仪的普及。在美国入室抢劫是一个大问题，这让谷歌和 Ario（之前是 NETGEAR 公司[①] 的子公司，后来独立上市了）等公司的监控系统大卖，这些系统使得抓到犯罪分子的成本大为降低。

相比入室抢劫这样的犯罪行为，偷东西是小案，警察通常也不管，只能自己防范。在移动互联网时代，偷手机的事情时有发生。丢失手机不仅经济损失不小（今天很多手机都不便宜），更关键的是里面的个人隐私可能也一起被盗，那个损失就难以估量了。所幸的是，手机的跟踪功能和锁定功能使得偷手机变成了一件高风险和低收益的

① NETGEAR 公司（美国网件公司）是全球领先的企业网络解决方案和数字家庭网络应用倡导者。

事情。腾讯原来管理移动部门的前高级副总裁刘成敏讲，他使用的华为手机有一次丢了，但因为上了锁，小偷根本无法使用，而且位置还被锁定了，小偷只好丢弃掉，随后他很快找了回来。

在世界各地，乘坐飞机时行李的丢失是一个大问题。全世界各航空公司行李的丢失率为 0.3%~1%，这个概率并不算低。如果以总数来衡量，仅美国每年丢失的行李大约是 200 万件，总量是很多的。行李的丢失有两个原因：一个是转机时不知道搞到哪里去了，特别是航班延误后，无法按照原先的路径运输行李，我自己就遇到过这种情况；另一个原因则是有意的偷窃，很多机场在提取行李时并不检查行李和行李票是否一致，个别乘客看到了路易·威登或者 Rimova 的旅行箱，随手就拿走了，当然也有个别机场人员偷行李的事情发生。为了解决这个问题，BlueSmart 公司（智能行李公司）设计制造了各种可以全球跟踪的旅行箱，从携带的到托运的都有。它里面安装了 GPS 系统，主人能够在三个月内准确地定位那些旅行箱的所在之处。虽然后来航空公司出于对锂电池安全的考虑，禁止在飞机上使用这种旅行箱，但是很多公司受到启发，制造出便携的、只有小密码锁大小的全球跟踪设备，它可以藏在旅行箱的某处，在 4~6 天内主人可以通过手机查看它的位置。

不仅东西会丢，人也会丢，而丢失的人常常是老人和孩子。随着人类平均寿命的增加，阿尔茨海默病的患者数量剧增，很多老人早上出门后就记不住回家的路了。小孩的丢失在很大程度上是家长的责任，因为孩子认路的能力不强。一些家长很不负责任，没有做到让孩子在自己的视线范围之内（这在美国属于家长的失职，发生次数多了，家长可能会被剥夺监护权）。防止这两种情况的发生，除了自己小心注意之外，更多的是可以使用技术的手段防范。今天供老人使用的、跟踪行踪的可穿戴式设备已经相当普及，子女可以随时查看老人的位置；更好一些的可穿戴式设备可以向迷路的老人提示回家的路径。美国甚至出现了引导盲人路径的鞋子。在防止儿童丢失甚至被拐卖方面，两种可穿戴式设备为家长提供了一道安全保障：一种设备是跟踪设备，它们可以做到孩子的衣服里，确定孩子的方位；另一类则是蓝牙设备，当孩子离开家长一定的范围（比如 10 米），家长的手机就会收到预警，并且顺着方向找到自己的孩子。

今天和未来，社会的智能化体现在方方面面，但概括起来，就是让我们的生活变得更加方便，人身更安全。当然，智能社会也意味着社会资源的利用率极大地提高。要做到这一点，重要的是让整个社会精细化。

精细化社会

我们在第五章中介绍了大数据在商业应用中的两个方向。从每一个局部汇集到整体时，我们能够掌握全局，实现社会的智能化；而当数据再从整体流向每一个细节时，我们可以让未来的社会变成一个精细化的社会。为了说明这一点，我们不妨通过前文介绍过的区块链技术，先看看在未来如何跟踪每一件商品从制造到被消费的完整行踪。

追踪每一次交易

药品安全问题是一个深受大众关注的问题。今天市面上销售的很多药品，都在某些方面不合格。比如，一些仿制药（generic）的药效达不到要求，一些药品副作用大幅度超过品牌药，还有一些药品已经过了有效期，渠道和药房修改了日期后依然在销售，甚至有些根本就是没有疗效的假药。在美国，类似的事情也时有发生。据 2019 年 4 月美国的《观察者》杂志（*Observer*）报道，仿制药的质量问题已经为大众健康带来了严重的危机，比如，所使用的原材料不合格甚至被污染，制药的流程不符合规范，等等。[1]那篇报道讲，这个问题过去在中国和印度其实已经很严重，2018 年，美国发现 ARB（血管紧张素 II 受体阻滞剂，一种常用的高血压治疗药物）仿制药问题很大，不得不召回了十几个药厂出品的这种仿制药。

今天药品的问题远不止这些，药品从生产出来到交到消费者手中，环节太多，而没有一个企业或者商店对整个环节有所控制。即使是政府的监管部门，也无法对所有药店、所有药品进行药效检查。世界各地都有用质量没有保障的仿制药冒充品牌药的现象，甚至消费者买到的药品是真是假、药效如何，全凭运气。这些问题，几乎每个国

① https://observer.com/2019/04/generic-drug-quality-public-health-urgency/.

家都在尽力解决，但是一直没有解决。区块链技术的诞生，给解决上述问题带来了曙光。

我们知道区块链可以和任何一个实物绑定。当一瓶药从生产线上出品并装瓶之后，就可以对这瓶药产生一个对应的区块链。区块链有一个非常好的性质，即它可以随意组合或者拆分。因此，当一瓶瓶药装箱时，那些瓶子对应的区块链就可以合并成一个箱子上对应的区块链。在药品物理流动的每一个过程中，比如从生产线到库房，从库房到货车，从货车到批发商的仓库，每一步都会被记录得清清楚楚，可以跟踪。药品中间的交易过程，如药厂和批发商之间、批发商和药店之间，也会被写入区块链。最后，当一箱箱药从批发商的仓库送到药店后，药店打开一箱药放到柜台上时，一箱药的区块链又能够被拆解成每一瓶药的区块链。如果在这个过程中箱子被打开，有一瓶药被换成假药了，箱子的区块链就和里面每瓶药的区块链对不上，我们就能知道有假药混进来了。

当一瓶药交到消费者手里时，消费者会获得一个公钥，也就是一个密码，用于检验药品下生产线流通的全过程。由于区块链不可篡改，而且和商品是一一对应的，因此不会存在两个相同的区块链，也就不可能复制一瓶药。此外，我们还能够利用区块链溯源药品原料的来源，这样万一原材料出了问题，监管部门也知道去哪里查。因此，从理论上讲，这种办法可以完全杜绝假药。对于劣质药品，由于可以溯源它在交到消费者手中之前的每一个传输和交易过程，因此可以对相关企业进行调查整改。

不仅药品有质量问题，几乎每一类商品都有，只是很多商品价格比较便宜，大家花精力去追究责任成本太高，得不偿失。另外，还有一些假货外观上做得和真品很相似，需要使用很长时间才能发现它的问题，那时已经过了追诉期，消费者只能认倒霉。你经常能够看到这一类的媒体报道：某家奢侈品专卖店，店长也悄悄进一些假货销售。因此，即使在专卖店买到的东西也不敢保证就是真的，至于代购问题更多。这些问题，都可以通过区块链技术得到解决。

当然，这需要我们建立起一个新的信息基础架构，它在各个流通环节识别区块链并且记录物品流通的细节过程。同时，未来在制造和包装商品时，要将 RFID 或者类似的芯片做到商品之中，同时要有第三方的服务企业自动记录每一件商品的流通和交易全过程，并提供查询服务。今天，企业互联网是一个热门的话题，而它不是简单地将互联网普及到设计、生产和流通的过程中，而需要加入新的功能。溯源将是其中一项重要的功能。当然，罗马不是一天造成的，这么多工作需要一步步完成，而每一件工作就是一个新的商业机会。最终，区块链和 RFID 等技术的应用不仅会使我们未来的社会变成一个精细化的、智能化的社会，让我们能够以极低的成本维护自身的利益，而且厂家也可以了解它们每一件商品是怎样流通到最终消费者手里的，然后有针对性地改进产品的生产和销售，而不是对于产品卖给了谁、使用得是否好一无所知。

今天，对于某些非常重要的商品，这样的溯源已经实现了。硅谷地区的 Skuchain 公司利用区块链技术提供一种服务，可以追踪大型服务器、飞行发动机等大型商品的销售、流通和使用过程。这些商品是美国政府明文规定禁止向伊朗和朝鲜出售的，然而过去美国政府也很难搞清楚它们是否会经过第三方、第三国卖到了那些国家。而中间商也有权维护自己的商业机密，不会提供合同和交货的细节。使用了 Skuchain 的区块链服务后，这个问题得到了解决，一方面美国政府可以查询那些大型商品的所在地，并且了解它们流通的过程；另一方面，它在验证合同中商品的去向时，不需要知道和这件事无关的细节，因此保护了公司的商业秘密。正是因为区块链能够将拥有数据和验证数据这两件事区分开来，才使得上述应用得以实现。

在未来，随着区块链处理交易能力的提升（目前还比较低），以及全球范围相关的基础架构的建设，越来越多的商品将能够溯源。

从标准化到个性化的服务

我们在第八章讲到通过个性化制药为每一位癌症患者定制特效药品，这样能治愈癌症并延长人的寿命。其实，在其他疾病的治疗上，特别是在用药上，也应该做到个性化，这样可以有效地治疗疾病，并且最高效地利用医疗资源。

2016 年夏天，我去约翰·霍普金斯大学拜访了我的朋友、著名生物信息专家、富兰克林奖章得主萨尔兹伯格教授，他是该校计算机系和医学院的双聘讲席教授，从事利用基因检测技术进行个性化医疗的研究。那一次，他向我介绍了个性化医疗的一些研究成果。

虽然我们通常在医疗上更多地关注心血管疾病、癌症、中风等大病，但是在一生当中最困扰我们的是嗓子痛、发烧、感冒等小毛病。患上这些小毛病的原因非常多，而且不同人虽然症状相似，病因却未必相同。以嗓子痛为例，得了这个病我们去医院时，医生一般会开点药（通常是退烧药和抗生素）。过几天病好了，是药物的帮助还是自然痊愈，抑或是吃了药以后的心理作用，并不好界定。实际上，绝大部分嗓子痛根本不需要吃抗生素，即便是在美国这种抗生素管控非常严的国家，嗓子痛时服用了抗生素的患者，也有一半其实不需要服用抗生素，[①]因为他们的感染不是细菌引起的——很多时候嗓子痛是由病毒感染引起的，抗生素根本不管用。

那么怎么才知道嗓子痛是由病毒引起的还是由细菌引起的呢？过去通常的办法是验血，如果白细胞高就认定有细菌感染，然后医生就给开抗生素。其实，虽然白细胞高和细菌感染有很大的关联性，但并非互成充分必要条件。有时候有局部细菌感染，未必会导致白细胞高；反过来也一样。造成白细胞高的原因有很多，因此白细胞指标高未必说明是细菌引起了嗓子痛。即便有细菌感染，不同人感染的细菌可能也不同（这一点无法从白细胞化验中看出来），所以医院常备的广谱抗生素未必对每一个病灶的细菌都管用。另外，细菌感染有些时候和病毒感染是相伴随的，因此，看到白细胞高，医生开了抗生素，服用一段时间也未必见好。

① 我在《文明之光》一书中给出了在美国治疗一些常见病是滥用抗生素的比例。

那么如何知道造成嗓子痛的原因呢？美国医院的标准流程是先给开退烧药和抗病毒的药品，而不是做白细胞指标测试。如果试了两天无效，医生常常会从患者嗓子里提取样本，培养后分析里面的细菌和病毒成分，再对症下药。其好处是减少滥用抗生素，并且开出的抗生素具有针对性，但是其坏处是经常耽误事。由于要培养样本，化验结果要等很长时间（两天）才能得到；等到结果出来时，人已经好了一大半。

作为基因测序的专家，萨尔兹伯格教授利用一种新技术做样本分析。他也是从病人的嗓子里取样，然后直接放到一个仪器中对样本进行基因测序。当然，测出来的大部分 DNA 是患者本人的（这是毫无疑问的），但是会有少量 DNA 是感染的细菌或者病毒的。由于利用 DNA 检测生物准确率极高，因此病灶所有感染的病原都能找到，然后就可以根据每个人病灶处不同的细菌（病毒）对症下药。这样治疗的效果可以好得多。

约翰·霍普金斯医院已经对这种方法进行了临床实验，效果非常让人振奋，而唯一的问题是基因检测的成本目前较高，大约是每次 1 000 美元。萨尔兹伯格教授估计，如果能普及这种技术，每次成本可以降到 100 美元以下，甚至更低。因为仪器本身的售价只有 5 000 美元，但它使用的一次性检验盒（kit）很贵，收的主要是专利费。如果最终这种化验诊断的成本能降到 50~100 美元，就和目前美国简单的验血的成本相当了。这样针对每一个人具体的得病情况对症用药，治疗会更有效，很多抗药性问题也能得到解决。

萨尔兹伯格教授的做法其实揭示了近代以来在疾病诊断和治疗上一个更大的问题，就是工业标准化和流程化，这是工业时代的特征和产物。在工业革命开始以前，人类使用的产品、享受的服务都有细微的差别，当然这样效率低，而且品质没有保证。同样，在近代之前，每一个人的用药都是不同的，尽管那种差异未必有科学根据。工业标准化的一个结果，就是有效率的、品质有基本保证的大众商品和服务，让个性化从大众市场上消失了。在医疗方面，美国医生协会要求每一个从业者遵守流程。对医院来讲，医生宁可治不好病，也不能违背流程，因为如果违背流程引起官司，医院的损失可能是巨大的。

标准化的服务在早期使整体医疗水平有了迅速的提高，但在今天却遇到了发展的瓶颈。因为人和人毕竟是不同的，看起来症状相似的疾病实则不完全相同，治疗也需要不同。然而，过去的工业化社会，要获得个性化的产品和服务成本极高，除了个别富人能支付非常高的费用去享受这样的产品和服务外，一般人是享受不起的。在医疗产业被标准化的时代，大家很难找到最适合自己的，只能默认最权威的或者最贵的就是最好的。于是孩子生了病，家长也不管是什么病，都往当地最好的儿童医院跑；得了大病，就托人或者从票贩子手里挂专家号，认定教授比副教授好，副教授比主治医生好。这种做法使得真正需要由专家诊治的患者得不到很好的医治。在过去的几十年里，虽然全世界整体的医疗水平有所提高，但是永远有相对更好的医院和医生，因此医疗资源不平衡的问题是无法通过简单提高水平来实现的。

解决上述两个问题的根本方法在于个性化医疗，而这依赖于平时对身体状况全面地跟踪。遗憾的是，到目前为止，我们绝大部分人身上还没有很好的监控系统，一旦病倒常常都是大病。更关键的是，当病人到医院治疗时，几项简单的检查结果无法让医生对患者实施个性化治疗。比如，同样是血压超出正常范围，对有的人来讲其实并没有什么关系，但对有些人来讲则可能是很严重的问题，甚至背后还隐藏着更严重的疾病。然而今天对于同样症状的疾病，医生给出的治疗方法都差不多，因为他们难以从血压偏高或者偏低等少量的指标迅速分析出个人不同的病因，更无法判定对病人产生的潜在结果。但是，如果我们能对一个人的新陈代谢以及身体指标进行长期监控，就很容易找到每一次哪怕是轻微异常所产生的原因，并且有针对性地进行医治。

在未来的智能社会，每一个人的医疗档案里都会有非常完整的与自己健康状况有关的数据，而不是几次就医和化验结果。医院、医生甚至患者本人对自己的病情都会有比较清晰的了解。由于数据完备，智能的就诊指导系统会根据患者和医生的情况帮助他们选择合适的医生。这样患者在小病时不需要折腾自己，真遇到大病时能更容易地找到合适的医生，而不是像今天这样，患者自己做主寻找专家。

在智能时代，机器的智能水平足以为我们提供各种个性化的服务，同时能够做到成本和过去的标准化服务相当。今天为富有家庭服务的私立中小学能够提供相对较好的个性化教育，是以高昂的学费为代价的，无法在公立学校普及，但是未来在机器智能的帮助下，个性化教育则能够推广开来。我们在前面讲到的 Afficient 的教育服务，其实就是一种非常个性化的、有针对性的、高效率的教育方式。今天有很多私人理财、私人定制旅游服务的成本都很高，只有少数人能够负担得起，但是未来大部分人都可以享受这种服务。

个性化将在未来改善我们的生活，让大众享受到今天所谓富有的上层人士才能享受到的生活，这就如同今天中产阶层的生活要远远高于 18 世纪末英国上流社会的生活一样。这些是大数据和机器智能给我们整体的社会环境乃至文明程度所产生的正向影响。但是，另一方面，大数据也会给未来社会带来巨大的冲击，这就是我们接下来要讨论的内容。

无隐私社会

到目前为止，我们一直在讲的是大数据和智能革命对社会、对我们的生活所带来的质的提高。但是任何事情一定都有两面性，大数据和智能革命对未来社会的冲击也是不能小视的。我们或许会生活在一个没有隐私的环境里，或许会被一些超级权力在无形中控制，甚至很多人因为没有掌握未来生存的技能而找不到工作，财富可能会更加集中在少数人手里。根据历史的经验，这些问题是无法回避的，而且也不存在快速的解决方法。让我们先来看看大数据和机器智能对于个人隐私的影响。

虽然我们在前面的章节里也提到了隐私的问题，但只是讨论技术问题，而对隐私的重要性以及全社会所面临的挑战一笔带过。实际上，大数据和机器智能引发的隐私问题会非常严重，在今天和未来，当移动互联网（以及今后万物互联）、大数据和机器智能三者叠加到一起之后，我们不再有隐私可言。

人为什么需要有隐私，因为人总有弱点和缺陷，不想让别人知道，更不想因此被他人歧视。从现代智人开始用树叶遮挡住自己性器官开始，人就有了隐私的意识。随着社会的发展、人们活动的增加，以及接触到的人的增加，隐私所涉及的范围总体上正在扩大，今天已经涉及我们生活的方方面面。比如，我们在前面所提到的未来出行计划、家里是否还有柴米油盐就属于隐私的范畴。当然个人性格是软弱还是强悍，个人学历的高低和收入的多少，在很多场合也是我们的隐私。至于私密的图片、银行账户密码和存款金额，更是如此，它们如果被泄露会让我们直接蒙受经济损失。过去人们一直在防范那些看得见的损失，但是，我们对生活中方方面面的细节隐私常常很不在意，也不加以保护。

我在本书第一版时讲，这些生活细节的隐私被泄露出去会发生什么事。简单地讲就是可能很麻烦。比如，在网购时会被送来一些假货，或者买机票总是比别人贵很多，这些很多读者朋友可能都已经经历了。但是比这些更可怕的是，我们健康信息的泄露，可能会导致将来没有医院愿意接收我们住院，或者被收取巨额的保费和诊费。

几年前，美国加州大学的一所医学院里的科学家开始做这样一项研究：寻找每一个人从小到老生病的规律性。比如，我们知道得了丙型肝炎，即使暂时治愈，也还是有很大的可能性在若干年后转成肝硬化，然后又有很大的可能性变成肝癌。其他很多疾病也有这样的关联关系。科学家的研究目是善意的——为了提前防治疾病。但是，近年来由于医疗成本的增加，保险公司可能会利用这种信息拒绝接受一位未来可能得重病的投保者。美国各大保险公司实际上掌握着投保人过去多年的身体状况信息，因为医生每一次向保险公司索要医疗费时，都会提供这些信息。在过去，由于机器智能的水平不高，保险公司只能拒绝已经患有疾病的人，而对一般的投保者一律接受。但是如果当他们知道某个投保者将来要花掉上百万美元的医疗费，他们就可能拒绝他的投保，因为在法律上，保险公司有权力这么做。2018年，我在深圳书展上和华大基因的CEO尹烨先生一起做了一次论坛，谈到大数据安全的问题，他认为所有的隐私泄露都莫过于包括基因信息在内的个人健康信息的泄露。

在过去，我们泄露隐私有时是不得已，比如不能不去看病，而医生也不能不去向保险公司要钱。但是在移动互联网时代，尤其是今后万物联网的时代，我们本身就是主动的隐私泄密者。绝大部分智能手机的使用者安装了太多很少使用甚至并不必要的App，参加了太多的优惠促销活动，同时，在自认为安全的社交网络说了很多在公众场合不适合说的话，或者发了太多的照片，这些都可能造成人为的隐私泄露。我们还在使用的各种电子产品，从可穿戴式设备到带有GPS的照相机，再到与 Wi-Fi 相连的各种智能电器，不自觉地记录下了我们详细的行踪和生活信息，并且提供给了服务商。很多时候，第三方再通过服务商获得这些信息也并非难事，究其源头，是我们自己在不设防的情况下把信息泄露出去的。

2006 年，诞生于硅谷地区的 23andMe 公司（一家 DNA 鉴定公司）从 2008 年开始为大众提供简易的基因检测服务，价格只有 100 美元，而同期人体全基因检测则在 1 万美元以上。如果想了解你是否有某些基因缺陷，只要向它提供唾液并支付 100 美元即可。23andMe 并不能进行全基因测序，但是它可以告知参与者未来有得某些和基因相关的疾病的风险。事实上，23andMe 这个名字就是"（人体）23 对染色体和我"的意思。由于价格便宜，很快便有上百万人参与了这项服务。他们了解到了自己是否具有某种基因缺陷，还了解到了自己的祖先从哪里来。

由于 23andMe 的测试并不准确，误判较多，也引起了参与者的恐慌，在美国很多医生的要求下，美国食品药品监督管理局要求 23andMe 合规后才可以继续提供基因检测的服务。于是 23andMe 一度停止了美国的业务，转而到英国、加拿大和澳大利亚发展业务。据《商业内参》杂志（*Business Insider*）报道，2018 年，英国最大的制药公司葛兰素史克以投资 3 亿美元的方式从 23andMe 获得了 500 万名基因提供者的数据，[①] 这件事引起舆论和公众的哗然。虽然 23andMe

① https://www.businessinsider.com/dna-testing-delete-your-data-23andme-ancestry-2018-7.

否认他们是在卖数据或者出卖个人隐私，只是帮助葛兰素史克开发新药品，但是这件事还是引起了巨大的争议和基因提供者的紧张。因为那些数据一旦被保险公司得到，他们的保费有可能大幅上涨，甚至失去医疗保险。当然，23andMe 公司对个人情况的了解其实很有限，因此那些基因数据并不完全能够和具体每一个人很好地对应。但是，目前进行人体全基因检测的公司所获得的数据则非常完备，而且那些公司对基因的提供者非常了解，数据一旦泄露，就可能产生巨大的潜在风险。

说到这里，大家可能有一个疑问，为什么 500 万名基因提供者没有人告 23andMe 呢？原因很简单，因为他们在提供自己的基因数据时，就在服务条款中认可将来那些数据可以被用于诊断疾病、研制药品、造福人类。也就是说，这些人自己是个人隐私的泄露者。当人们主动将自己的私密信息交给某个公司换取服务的便利性之后，他们所能期望的只能是那些握有大数据的公司的善意了。

其实，拥有数据的公司保护个人隐私的意愿远不如大家想象的那么强。除了谷歌、苹果、亚马逊等大型跨国互联网公司迫于欧盟和美国政府的要求（当然也是为了让它们大量的客户安心），在服务条款中特别明确地写明了从用户那里获得的数据属于用户本人，而它们只是保存和“借用”而已，其余的公司都没有明确声明这一点。在医疗行业，美国绝大部分医院会认为病人的病历数据属于医院，这也是该行业的传统。在中国，互联网公司并没有就数据的所有权做明确的说明，而大部分用户也默认互联网公司拥有数据。更有一些制药厂在没有得到病人同意的情况下，直接通过医生获得病人的数据用于药品研究，而这件事被认为是有助于医学研究的，因此社会并没有追究。

虽然今天大数据和机器智能所带来的对个人隐私的威胁已经很明显了，但是大部分人忽视了这种潜在的威胁，原因至少有三个。首先，对这个问题缺乏认识，他们并不知道大数据的威力，不知道多维度的信息凑到一起能够得到一个人完整的画像。其次，低估了机器智能的力量。很多人认为，虽然某个公司有了关于我的很多数据，但是那些数据都是杂乱无章的，该公司哪有工夫专门和我这个小人物过不去。岂不知在机器智能时代，挖掘个人隐私并不需要人来做，而是由机器完成的。最后，也是最重要的原因，就是很多人一厢情愿地把个人隐私寄托在数据拥有者的善意上。

在数据逐渐成为人类最有价值的资产时，拥有海量数据的公司其实权力无限，而今天对它们并没有什么制约。因此，指望道德和善意能够让这些公司保护隐私，无异于天方夜谭，即使那些公司的创始人和 CEO 有很高的道德水准，有意愿用数据为善，也没有人能够保证公司里的每个人都能做到这一点。就以出卖了近亿条用户数据的 Facebook 为例，那件事并非扎克伯格的主意，事实上，那次出卖数据挣的钱相比 Facebook 的年收入是微乎其微的。2019 年，美国政府就这件事给 Facebook 开出了巨额罚单——50 亿美元，根据惯例这些钱大部分会用于赔偿用户。对于这样巨大的潜在损失，扎克伯格是清楚的，但是，他显然无法约束下面的每一个人，特别是当他要求下面的员工做出业绩的时候。2016 年我在本书第一版中写道："目前为止，Facebook、腾讯和阿里巴巴这些实际上已经掌握了用户隐私的公司似乎还靠得住。"但显然我高估了大公司自我约束的有效性。Facebook 直接打了我的脸，也打了大家的脸。至于那家宣称要用技术做好事的公司能否比 Facebook 做得更好，大家不妨自己判断。再退一步，在历史上，某些大公司已经时不时地做过不少网络霸凌的行为，那些所作所为并非公司的意愿或者创始人的意愿，而是下面的人在有了权力和便利之后不受约束的愚蠢之举。这时如果我们还能轻信所谓的善意，等到自己受到了重大的损失就为时已晚了。

今天掌握大量用户数据的公司已经很多了，如果它们中哪怕只有一部分公司，在自己的利益和用户利益发生冲突时，有意无意地最大化自己的利益，而牺牲掉用户的利益，都是非常可怕的事情。现在在产业界有一种观点，过去互联网是以降低商家的利润来赢得用户，现在则要通过对用户数据的挖掘，赚回过去 10 多年损失的利润。这种想法非常可怕。很多电商、航空公司和保险公司在获得个人隐私后，已经用它们开始牟利了，而用户拿这些公司没有任何办法。面对这种现象，当初很多大力倡导大数据应用的知识精英，比如前面提到的尹烨先生，以及约翰·霍普金斯大学工学院院长施莱辛格教授等人，都对一些企业滥用数据的特权表示担心。

既然不能指望我们的隐私靠一些公司的善意来保护，那么是否有希望通过立法的手段来解决保护隐私的问题？答案基本上是否定的。

首先在大陆法系的国家，[①] 立法永远是远远滞后于案件发生的。今天任何大陆法系的国家是不可能对 Facebook 索赔 50 亿美元的，因为没有相应的法律依据。但是在海洋法系的国家可以先判决后立法，解决问题的效率稍微高一点。当科技和产业变化比较慢时，这不是什么大问题。假如产业变化的周期是几十年一变，就算立法落后了 5 年，产业还没有太成熟，依然可以利用法律的手段把后几十年管好。但是今天产业发展太快，如果立法的速度真落后了 5 年，当法律被制定出来后已经过时了，更何况今天大部分法律制定的时间远不止 5 年。比如，中国的电子商务在过去的几年里迅速发展，与此同时，卖假货的问题也已经发展到不容忽视的地步，但是中国至今没有相应的集体诉讼赔偿法规 [②] 和有效的执法手段。因此，目前在中国是无法靠法律手段杜绝假货横行的。

今天，世界各国虽然都对偷盗行为进行惩处，但是对于偷盗数据和利用大数据侵犯个人隐私的行为并没有相应的立法。在美国，虽然有一些具有法律意义的判例，但是处罚也是相当轻的，对于偷盗数据的处罚和对于抢银行的处罚是无法相比的。我们可以毫不夸张地讲，今天的法律对保护隐私几乎无效。当人们开始意识到隐私泄露的严重

---

① 实行大陆法系的国家，包括除了英美之外的几乎所有国家。

② 在商品经济比较发达的国家，法律对假货的处罚不是假一赔三或者假一赔十这么简单，而是把赔偿的对象扩展到所有可能的受害者。对于销售假货的商家，通常从销售类似产品一开始算起，把所有在那个商家购买过商品的顾客都算进去，因此我们经常看到因为产品质量而动辄赔偿上亿美元的新闻。对于大公司，这会大伤元气；对于小商家，销售一次假货可能会导致破产。对于其他欺诈行为，也可以通过集体诉讼的方式进行严厉的处罚。

性，并且对大数据和机器智能产生恐惧时，就难免做出因噎废食的决定，这对技术的发展和普及绝非好事。比如，旧金山当局禁止用人脸识别技术抓罪犯，就是矫枉过正的表现。

大数据对隐私带来的另一个威胁在于，它会在无形中造就出一个“老大哥”（big brother）。Big brother 一词源于英国小说家乔治·奥威尔（George Orwell，1903—1950）的政治幻想小说《1984》，里面有一句话是“Big brother is watching you”。Big brother 是指专制政权里的老大。那句话放在小说语境中的含义是指，总有一双眼睛在盯着你。在“冷战”时期，只有 1 000 万人口的民主德国倒有 10 万名监视老百姓的安全部工作人员和 20 万线人，他们用很传统的笨办法监视每一个人，比如拆私人信件，这使得每一个人都生活在恐惧中。当然，这种做法的效率不会很高。

到了大数据时代，如果真有一个“老大哥”想监控每一个人，其实是可以做到的。他也不需要采用民主德国安全部的笨办法，因为大家的隐私都保存在互联网的某个地方。假如出现一个强权，要求拥有大数据的服务提供商交出数据，建立在善意基础上的隐私保护就显得非常脆弱了。民众即便不懂得什么是大数据，不懂得大数据容易泄露隐私，对强权部门索要数据的事情也是非常担心的。

2016 年，FBI（美国联邦调查局）要求苹果公司交出某些用户数据，以配合反恐调查。苹果公司如果迫于压力交出这些所谓嫌疑人的数据，这个先例一开，今后权力机构再以其他借口随意索取用户数据，那么大家就不再有隐私可言。正是出于对这个原因的考虑，苹果公司才拒绝向 FBI 交出数据。好在美国公司的正常商业运行不受 FBI 的干扰，苹果公司也大到足以抗衡 FBI，最终 FBI 只好放弃。

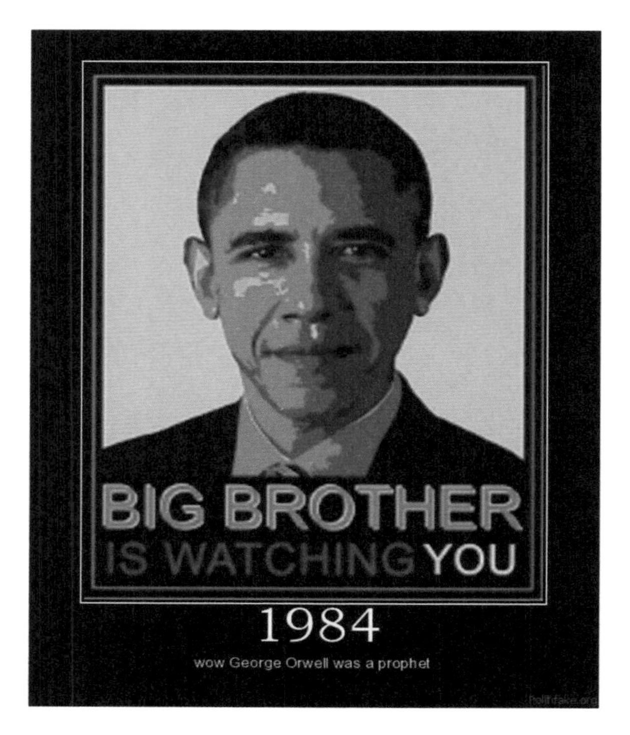

图 9–2 大家对信息时代没有隐私的恐惧而创作的漫画

但是，是否所有拥有大数据的公司都会拒绝将用户数据交给美国政府，谁也不能保证，至少作为微软董事会主席的比尔·盖茨公开表示应该交出数据。也就是说，如果他还在负责微软的经营，使用微软产品的用户可能就没有隐私可言。我们把命运寄托在一些公司的善意上其实并不可靠。如果一家公司或者政府部门有能力获得和随意使用每一个人的隐私，那么它就拥有了某种超级权力。更进一步讲，如果拥有用户大量私密数据的公司同时具有了超级机器智能水平，那么它不仅拥有权力，而且还拥有超级执行力。历史证明，任何不受约束的超级权力最后都会带来灾难。如果这种情况进一步发展，大数据和机器智能的负面效应就会变得非常大。

当然，我们前面所讲到的技术手段或许可以让大公司在使用大数据时有所约束，让那些不断窥视别人隐私的人曝光，但这些技术的开发有待时日。今天的大数据是完全裸露的。以人们对隐私问题最担心的医疗大数据为例，使用数据时对于隐私的保护现在依然是靠君子协定，也就是说处理和使用数据的人签了一纸协议就被允许访问隐私数据。虽然那一纸协议可能具有法律效力，但是患者其实很难判定掌握自己隐私的人是否违反了事先的协议，因此如果有人违反协议使用隐私数据，患者很难状告那些破坏隐私的人。

按照目前大数据的发展趋势，大家会越来越没有隐私。一方面，有能力获得大数据的公司并没有约束自己的行为，反而进一步加大无限制获取和使用数据的力度；另一方面，绝大部分用户依然不清楚自己的什么行为会导致隐私数据泄露，并对于各种潜在的危险毫不知情。2019 年，国内一家原本颇让我称道的新媒体，在采访我之后，提出要开一个账号才能发表采访内容，被我当场拒绝，因为这两件事情毫不相关。但是这家媒体能提出这样的要求，说明很多人糊里糊涂地开了账号，当我们体会到丧失隐私后的重大损失时为时已晚。隐私就像自由，只有当人们失去它的时候，才知道它的可贵。

丢掉工作的社会

技术对社会带来的影响有时候非常诡异。一方面，它可以改善人们的生活，延长人类的寿命，让一些处在新的行业、掌握了新的技能的人发挥更大的作用；另一方面，它可能让更多的人无事可做。智能革命也必然如此，当计算机变得足够聪明之后，一定会取代人类完成很多需要高智力的工作。

人类总体来讲是过分自信的，趋利而忽视危害，这一点研究幸福学和心理学的学者早就有了定论，我们不做过多的讨论。机器智能进行如此天翻地覆的革命，不可能不对社会产生巨大的负面影响。我们在给大家展示大数据和机器智能带来的美好前景时，也必须强调它们可能会给生活带来负面影响。不过遗憾的是，很多人对此不以为然，就如同历史上工业化国家的民众曾经的不以为然一样。当社会面对重大技术革命所产生的冲击不知所措，要两代人才能消除它的负面影响时，大家才开始感叹历史再一次重复。智能革命将比过去历次技术革命来得更深刻，对社会带来的冲击可能是空前的。为了说清楚这一点，我们首先来回顾一下历史。

历史上影响力可以和正在进行的智能革命相比的，只有 18 世纪末始于英国的工业革命、19 世纪下半叶始于美国和德国的第二次工业革命、二战后以摩尔定律为标志的信息革命，一共三次。这三次技术革命都有一个共同特点，那就是它们对当时的社会产生了巨大的冲击，都需要经过大约半个世纪甚至更长的时间才能消化掉。

从工业革命到黄金时代

首先让我们看看 18 世纪末的工业革命。这是人类历史上空前的伟大事件，任何其他历史事件在人类文明史上的重要性都不能和它相比。工业革命带来了三个结果：人类过得好了，人类活得长了，人类有自信和尊严了。

在工业革命开始前的 2 000 年里，世界各地人们的生活水平其实没有太大的提高。根据已故著名历史学家安格斯·麦迪森对全球各个文明在不同历史时期所做的经济学研究可知，欧洲在古罗马时代的人均 GDP 就达到了 600 美元左右，[1] 到了 18 世纪英国工业革命之前，人均 GDP 还是这么多。在中国的西汉末年，人均 GDP 大约为 450 美元，在历史上的几个太平盛世，比如两宋时期、明朝中叶和康乾盛世，中国的人均 GDP 达到了 600 美元，但是到了 20 世纪 50 年代初又退回为 450 美元左右。就在改革开放前，中国的人均 GDP 也不过 800 多美元。[2] 虽说人均 GDP 未必能够完全体现人类的文明进步，但是在这么长的时间里变化不大，说明在农耕文明时期人类的进步是非常缓慢的。在工业革命之前几千年的时间里，劳动力的数量和能够提供给生

① 折算成 1990 年的购买力。

② 这是按照购买力计算的，如果不考虑物价水平，1979 年中国实际的人均 GDP 不到 200 美元。

产所使用的动力整体上是不足的，商品供不应求。

但是，到了工业革命之后，情况就大不相同了。马克思说："资产阶级在它不到 100 年的阶级统治中所创造的生产力，比过去一切时代创造的全部生产力还要多，还要大。"[①] 如果用人均 GDP 量化地衡量一下就能发现，在南欧、西欧和北欧地区，工业革命开始以后，从 1800 年到 2000 年这 200 年间，西欧的人均 GDP 水平增长了将近 20 倍——从 1 000 美元左右增加到 20 000 美元。而中国在改革开放后的 35 年里（1979—2014 年），人均 GDP 在考虑购买力以后也上涨了不止 10 倍，如果不考虑购买力，则上涨了 40 倍。其根本原因是中国在 1979 年之后才真正完成工业革命，并且用 35 年的时间走完了欧洲花 200 多年走完的路，从农耕时代一直走过了早期工业时代、大工业时代和后工业时代（信息时代），并与世界同步进入后信息时代。在财富持续增长和收入不断增加的同时，工业革命也导致了人类寿命的大幅提高。可以说，如果没有工业革命，任何伟大的人物都无法做到让人类活得更好。

工业革命的影响力不仅体现在物质层面上，更体现在思想层面上，让人类有了自信和尊严。我们在前面讲到的机械论的出现，使得人类有了把握自己命运的自信。

几个世纪后再回过头来看这场伟大的变革，它带来的好处自然要远远大于它的负面影响。但是在当时，它的负面影响，尤其是它给

① 摘自《共产党宣言》。

社会带来的动荡是巨大的，以至当时诅咒它的人可能比欢呼拥抱它的人更多。新技术在出现的初期，受益者非常少，他们通常只是那些掌握新技术或者使用新技术、从事新行业的人。具体到工业革命，最初的受益者只有博尔顿那样的工厂主、瓦特那样的发明家，或者使用蒸汽机开拓瓷器制造新行业的韦奇伍德等人。其他人在短期内很难受益，甚至可能因为新技术的出现变得更加贫穷，因为机器抢了他们的生计。

在工业革命后的半个世纪里，原有的经济结构被摧毁，靠有一技之长的工匠运作的小作坊纷纷破产，工匠的特长敌不过年轻劳工结实的身体，他们从中产阶层沦为赤贫阶层。因此 18 世纪末到 19 世纪上半叶，是英国贫富分化严重、社会矛盾重重的半个多世纪。著名作家狄更斯用他生动的笔触，记录了当时下层民众悲惨的生活，这与飞速发展的经济和暴涨的社会财富并不相称。为了节省成本，工厂主们大量雇用低工资的童工，或者随意延长劳动时间。也正是在那个年代，英国出现了空前也是绝后的工人运动，催生出马克思主义。

英国人花了大约两代人的时间消化工业革命带来的负面影响。到 1851 年，英国在伦敦郊外的水晶宫举行了第一次世博会，展示工业革命的成功，当时的维多利亚女王看完展览后，嘴里兴奋地念叨着："荣光啊，荣光，无尽的荣光。"后世称那个时代是英国的黄金时代，当时的英国人过上了全民富裕的生活：大部分人都有体面而收入不错的工作，工作时间减少到了每周 48 小时，童工被禁止；一半的人口搬进城市，剩下的人很多在郊区买到洋楼，然后坐火车到城市和工矿区上班；周末大家可以穿着漂漂亮亮的礼服去教堂或者去逛商店。

那么工业革命的副作用是怎样被解决的呢？简单地讲就是资本输出，开拓全球殖民地，推行自由贸易。英国的工业生产在工业革命之后让世界各国都无法望其项背，这使它有能力、财力和武力按照自己的意志建立全球化市场。英国工业革命产生的产业工人只有几百万人，但其巨大的生产能力却使得很多商品供大于求。由于在当时世界上没有第二个国家在国力上可以和英国匹敌，因此它的全球战略得以实施。

我们可以把工业革命对社会的影响分成三个阶段：第一个阶段，只有发明家和工厂主受益，普通英国民众并没有受益；第二个阶段，全体英国民众普遍受益，但是在世界范围内大家未必受益，这两个阶段之间相差半个多世纪；第三个阶段才是整个世界受益，这和第二个阶段又相差很长时间。是否其他重大技术革命也有类似的特点呢？让我们来看看 19 世纪末的第二次工业革命，有趣的是，上述模式重复出现了。

从第二次工业革命到柯立芝繁荣

第二次工业革命的核心是电的使用。这不仅让生产的效率进一步提高，而且催生了很多新产业，当然也带来了社会财富的剧增。著名作家马尔科姆·格拉德威尔（Malcolm Gradwell）在《异类》一书中介绍了这样一个事实：在人类历史上最富有的 75 人中，有 1/5 出生在 1830—1840 年的美国，其中包括大家熟知的钢铁大王卡内基和石油大王洛克菲勒等。这一不符合统计规律的现象的背后有其必然性，卡内基等人都在自己年富力强（30~40 岁）时赶上了美国工业革命的浪潮，这是人类历史上产生实业巨子的高峰年代。其中洛克菲勒被认为是人类历史上最富有的人，而比他年长一些的范德比尔特（Cornelius Vanderbilt，1794—1877）则一度通过建立“托拉斯”[1] 控制了美国上市公司 10% 的财富。类似地，欧洲的很多工业巨子，比如克虏伯（Alfried Krupp，1812—1886）和西门子（Ernst Werner von Siemens，1816—1892），也是那个时代的人物。

但是，和工业革命时期的英国一样，美国工人的生活在第二次工业革命开始的一段时间里并不美好。当时美国的贫富分化程度达到了北美殖民以来的最高点，而且比今天严重得多。一方面，美国下层社会的生活非常悲惨，他们的生活和范德比尔特等人形成非常鲜明的对比，马克·吐温和西奥多·德莱塞（Theodore Dreiser，1871—1945）[2] 等现实主义作家对那个时代劳工的生活都有真实的描述。因此，美国历史上不多见的激进的工人运动也发生在那段时期。另一方面，美国南方的传统经济被北方的大工业彻底碾碎了，同时没有因为第二次工业革命而受益。直到今天，美国南部的经济（除得克萨斯州外）依然远远落后于北方。

① 托拉斯，英文 trust 的音译，垄断组织的高级形式之一。
② 《嘉莉妹妹》《珍妮姑娘》《美国悲剧》等小说的作者。

当美国和德国崛起时，它们已经没有英国的好运气，有那么多未开发的殖民地在等着它们。好在美国有天然的地理优势，有广袤的中西部处女地等待开发，从某种程度上解决了产能的问题，但是贫富差距非常严重，巨富们控制着大量的财富。为了实现社会的公平化，美国开展了坚决的反托拉斯行动。经过老罗斯福、塔夫脱和威尔逊三任总统近 20 年的努力，美国政府强行肢解了洛克菲勒的标准石油公司和 J. P. 摩根控制的北方钢铁公司，并且在制度上限制大家族过多地控制社会财富，比如征收高额的遗产税。从 1870 年美国第二次工业革命开始，到 20 世纪 20 年代，经过半个世纪的努力，美国才基本实现了全面繁荣。20 世纪 20 年代被称为美国的“柯立芝繁荣”。由于生产效率的极大提高，美国实现了 9 小时（后来是 8 小时）工作制。[①] 到 1929 年大萧条之前，美国一半的家庭有了电话和汽车。但是，德国就没有美国那么幸运了，为了输出产能，它最后不得不发动第一次世界大战。在“一战”战败之后，德国的问题并没有得到解决，于是导致了民粹主义泛滥，最终劳工阶层把纳粹推上了历史舞台。

今天我们站在历史的角度审视第二次工业革命，对它都是赞誉之词，它的代表人物爱迪生、贝尔、福特、西门子和本茨等人，直到今天依然是创业者和企业家们的偶像。但是它给人类带来的福祉也是先

---

① 美国于 1916 年通过了《亚当森法案》（Adamson Act），规定 8 小时工作制，一些企业，比如福特公司，也率先实行了 8 小时工作制，但是在美国全面实现 8 小时工作制是到 20 世纪 30 年代的事情了。

从少数精英开始，经过长达半个世纪的时间，才开始造福技术革命的中心地区。而世界上大部分地区享受到第二次工业革命的成果，是第二次世界大战之后的事情了。

依然没有消化完的信息革命

到了二战后的信息时代，上述模式再次得到应验。我们都有幸亲历信息时代的繁荣，并且有了个人计算机、手机、互联网，生活变得比父辈要方便得多，几乎每一个中国人都在为信息革命欢呼。中国在改革开放后短短的40多年里，人均GDP从1978年的200美元剧增到2014年的7 000美元，几乎每一个人的收入都有所增加。但是在过去的40多年里，中国只是全世界的一个特例而已。中国的成功有多重原因，最根本的是它的起点比较低，生产力和创造力在被压制了几百年后被释放了出来，在短时间里爆发出巨大的能量，再加上同时完成了工业化和信息化，所有这些有利的条件叠加在一起，才导致中国无论从总体国力，还是人均收入上都有大幅度的提升。但是，在世界范围内，虽然每个人都看到了信息革命的结果，并且很多人使用上了最新的科技产品，然而并非每个人在经济和社会生活方面都受益于此。即便在信息革命中心的美国，大部分人的生活质量也没有什么提高。

信息时代是人类历史上第二个创造财富的高峰年代。从20世纪50年代末到70年代初的20年间，美国出生了苹果公司创始人史蒂夫·乔布斯、微软公司创始人比尔·盖茨和保罗·艾伦、太阳公司创始人安迪·贝托谢姆和比尔·乔伊、戴尔公司创始人迈克尔·戴尔、谷歌创始人拉里·佩奇和谢尔盖·布林等人，他们在自己年富力强时幸运地赶上了信息革命的大潮。但是，同期美国大众的生活质量并没有很大的改变。图 9–3 展现了美国 1967—2012 年最富有的 5% 的家庭、财富值中值的家庭，以及贫困家庭财富增长（扣除通货膨胀后）的情况。我们可以看出，除了最富有的 5% 的家庭财富有明显增长之外，其他人的财富变化很小。

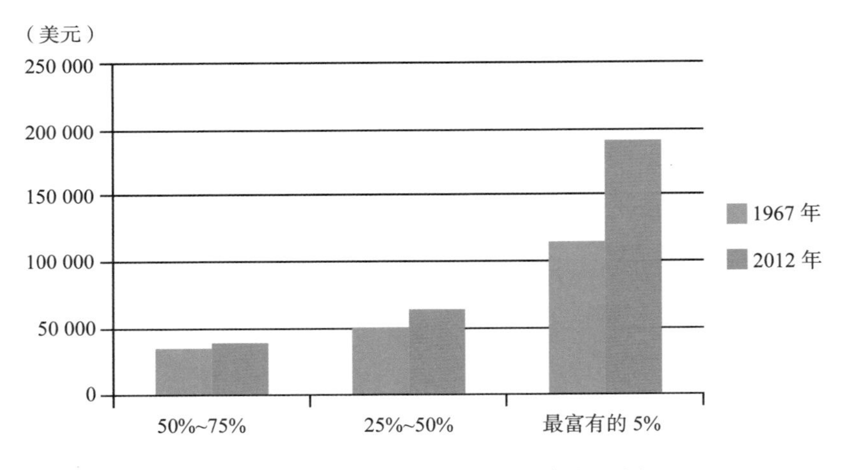

图 9–3　1967—2012 年美国家庭收入变化

数据来源：美国国家统计局

当然，财富是社会发展和个人生活质量的一个客观标准，而绝非唯一的衡量标准。幸福指数常常被认为是生活质量的一个主观衡量标准。如果以幸福指数来衡量，美国民众的生活在过去三四十年里几乎没有什么改善。图 9–4 是盖洛普公司对美国民众幸福指数的调查结果。上方的深绿色线是被调查者对整体生活的满意程度，1980—2013 年基本上持平；下方的浅绿色线是大家对物质生活的满意程度，2013 年比 1980 年还有所下降。我们可以认为，这些数据表明以摩尔定律为核心的上一次技术革命带来的社会效益，即便作为全球信息革命中心的美国也没有来得及消化完。而中国作为全球信息革命的另一个中心，由于我们前面所讲的特殊情况，不太感受到它的负面影响。

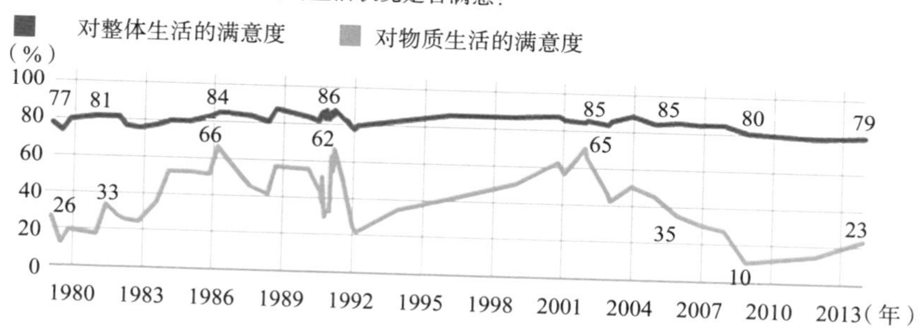

图 9–4 1980—2013 年美国民众幸福指数的变化

数据来源：盖洛普

在过去的 40 多年里，美国和中国两个国家贡献了全球超过一半的 GDP 增长，除去这两个国家，世界上大部分地区的情况可不容乐观。我们从新闻里时常会看到，包括俄罗斯在内的很多国家似乎置身在时代之外。虽然这一点有很多政治上的解释，但是从经济和科技发展的角度看，以俄罗斯为核心的东欧集团、超过 10 亿人的穆斯林地区、大部分欧洲国家、整个南美洲，对于信息革命的贡献微乎其微。它们自有的旧的经济结构已经落伍，甚至被摧毁，而在新的经济结构中，它们虽然能够享受到信息革命的产品，却没有享受到信息革命带来的经济增长。从全世界的范围看，消化掉信息革命的冲击波或许还需要更长的时间，然而现在大数据和机器智能革命已经来敲门了。

今天全世界大部分贸易纠纷，源于由谁来生产全世界产品的问题。在智能时代，产能过剩将是全球所有工业化国家都要面临的一个问题。

解决问题只有靠时间

为什么每一次重大的技术革命都需要很长的时间来消除它所带来的负面影响呢？因为技术革命会使很多产业消失，或者产业从业人口大量减少，释放出来的劳动力需要寻找出路。这个时间有多长呢？事实证明，至少要一代人以上，因为我们必须承认一个并不愿意承认的事实，那就是被淘汰产业的从业人员能够进入新行业中的其实非常少。

虽然各国政府都试图通过各种手段帮助那些从业人员掌握新的技能，但是收效甚微，因为上一代人很难适应下一代的技术发展。事实上，消化这些劳动力主要靠的是等待他们逐渐退出劳务市场，而并非他们真正有了新的出路，能够和以前一样称心如意地工作。这就是每次技术革命都需要花半个世纪来消除它带来的动荡的原因。唯一不同的是，在 100 年前，各国政府认识不到关心这些被产业淘汰的从业人员的重要性，因此让社会很动荡。如今，各国意识到社会稳定很重要，因此即使很多人并不创造价值，也只好“养着”。为此，有些国家将无所事事的人强塞到公司里（比如日本和欧盟），有些国家不肯淘汰过剩产能（比如中国），但解决问题的途径都是一个“耗”字。“耗”上两代，社会问题就解决了。

为了更好地了解产业转型以后，消化原有产业的从业人员有多么难，我们不妨再看看美国二战后发展的历程。整个 20 世纪五六十年代，全球规模和市值最大的公司是通用汽车公司，它和另外两家美国汽车公司一道，生产了全球 90% 以上的汽车，仅在美国就有 70 万名雇员。通用汽车公司的福利很好，它的每一位员工都过着幸福的生活，都能实现所谓的美国梦。今天，通用汽车公司虽然生产同样多的汽车，[①] 从业人数却减少到 10 万以下，这是劳动生产率提高的结果。当然，很多人以为劳动力可以转移到其他行业，但事实上并没有。我们在前一章介绍过，即便是一直不断扩大人数规模的特斯拉这样新的汽车公司，也不愿意聘用从汽车行业淘汰下来的人。而工会由企业养，所以成本转嫁给企业？在 2008 年的金融危机中，通用汽车公司宣布破产保护，其中的主要问题就是公司要养的人太多。图 9–5 是 2008 年金融危机之前美国汽车联合工会中在职员工和退休员工 [②] 的比例，我们可以看出，1 个在职工人需要养活 4 个不干活的人。

① 如果看市场份额，通用汽车公司在全球的份额远没有 20 世纪五六十年代高。

② 退休员工包括变相下岗的所谓提前退休的员工，以及一些老员工的遗孀。

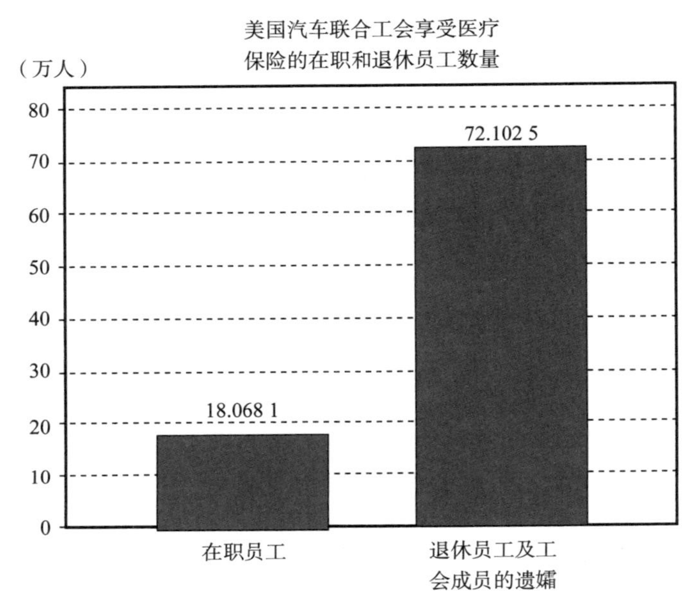

图 9–5　2008 年金融危机之前美国汽车联合工会在职员工和非在职员工的人数

数据来源：（美国）汽车研究中心（cargroup.org）

通用的这种做法导致其汽车成本的上升，从而失去了全球竞争力。图 9–6 对比了在北美销售的通用汽车公司和日本丰田汽车公司每制造一辆车的福利成本，从中可以看出，通用汽车公司比丰田汽车公司大约高出了 1 500 美元，这对平均售价只有 2 万美元的汽车来说是非常明显的差异。其中，福利上最大的差异来自通用公司每辆车要支付 1 000 多美元的退休员工福利。这就是企业因为全社会技术进步和产业转型而不得不支付的成本。

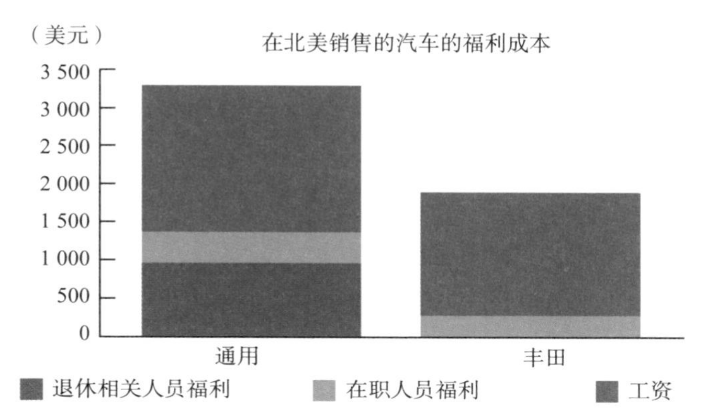

图 9–6 通用和丰田在北美销售的汽车成本中的福利成本对比

数据来源：（美国）汽车研究中心（cargroup.org）

虽然汽车行业因为电动汽车、自动驾驶汽车等新产品不断涌现，依然有很大的发展空间，但是美国三大汽车公司[①]背负着历史的包袱，举步维艰，在未来难以有所作为。对那些曾经为人类文明做出贡献，但已经被技术革命淘汰的员工，唯一的希望就是他们的后代能够进入一个新的行业。这实际上要靠时间慢慢地消化技术革命带来的负面影响。

智能革命的冲击

智能革命将要走的路和历史上历次技术革命所走的路会有很多相似之处。大数据和机器智能的趋势一旦形成，就不是人力可以阻挡

① 美国三大汽车公司之一的克莱斯勒实际上已经是欧洲菲亚特公司的子公司。

的。虽然一直有人呼吁限制机器智能的发展和机器人的使用，但这种想法完全不具有可行性，甚至一些在公开场合这么表态的人，私下里却在自己的公司里大力发展智能技术。与之前的三次重大技术革命一样，智能革命对社会的冲击将是巨大的，它会影响到上至国家、中到企业、下至个人的命运。从目前的发展来看，智能革命对社会的冲击甚至有可能超过过去几次技术革命。我们可以从三个角度来分析其中的原因。

首先，信息革命本身带来的影响还没有消化完。全球信息化带来的效率已经使很多人无事可做，很少人制造出来的东西就足够全球人口消费。在美国将近一半的人是不上税甚至从政府拿补贴的，从单纯经济的角度看，他们每天所提供的劳动仅仅是让自己生存下去而已，甚至还不够，他们对社会继续发展的贡献可以说微乎其微。在一个民主国家，这些人最大的用途就是手中的一张选票，以至政客们为了选票可以轻易许诺，然后把国家的债务和赤字越堆越高。第一次和第二次工业革命带来的负面影响都花了半个世纪以上的时间来消除，而摩尔定律从 1965 年提出距今已经半个多世纪了，它带来的影响至今还没有消化掉。这时，智能革命又开始了，因此这次的冲击力度将是双重叠加的结果。

其次，今天的世界和 200 年前已经不同了，消化掉技术革命的影响要比工业革命时难得多。由于全球化，全世界已经没有空白的市场可以开拓了。英国人在 19 世纪中期能够过上相对富裕而从容的生活，是因为他们只需要解决几百万产业工人的生活和工作问题就可以了。

整个19世纪，是用全球的市场解决当时只占世界人口很小一部分的产业工人的生活问题，相对要比今天容易得多。

最后，也是最重要的一点，智能革命所要替代的是人类最值得自豪的部分——大脑。以前，当各种各样的机器可以越来越多地从事人类才能做的工作时，人类还保留了最后的尊严和自豪感——机器不能思考。过去机器只是替代人的手，因此在农机和化肥出现后，农村从事体力劳动的人可以变成需要动脑筋的工匠；在流水线出现之后，工匠们没有了市场，但是蓝领工人可以从事白领的差事。由于机械毕竟不能完成智能的工作，因此人们最终还是找到了谋生的手段。不过智能革命的结果是让计算机代替人去思考，或者说靠计算能够得到比人类思考更好的结果，并且更好地解决各种智能问题，这时人类会突然发现自己比计算机还能做得更好的事情已经所剩不多了。我们在上一章介绍过，智能革命中，计算机所取代的不仅仅是那些简单、重复性的劳动，还包括医生、律师、新闻记者和金融分析师等过去被认为是非常需要脑力的工作。

概括来讲，智能革命对社会的冲击可以用强度更大，影响面更广、更深刻来概括。我们必须回答一个问题：当全社会各行各业的从业人数都因为机器智能而减少时，全世界几十亿劳动力怎么办？

当然，很多人会天真地认为，船到桥头自然直，劳动力会被自然而然地分配到其他行业中。但是，这种劳动力的再分配，一来需要非常长的时间，二来依赖于产生新产业。关于时间的问题我们在前面已经讨论过了，这里不再赘述。接下来我们来看看产生新产业的必要性及其难度。

新生之困

在工业革命开始之后，机械化、电气化和化肥农药的使用，使发达国家只需要 2%~5%[①] 的人就能提供全部人口所需的食品，因此农民就变成了工人。虽然这个转化的时间很长，但是很多国家基本上实现了一比一的转化，也就是说在减少一个农民的同时，社会能够创造出一个新的就业机会给他。但是，随着机器革命的发展和全社会自动化程度的提高，只需要少数的劳动力就能提供人类所需的所有工业品和大部分依靠体力的服务业工作。因此，全球开始了第二次劳动力大转移，在过去的几十年里，人类就业的希望从在工厂做工人变成从事服务业。

服务业其实是一个非常宽泛的说法，它既包括律师、医生、IT 工程师、股票交易员和基金经理这一类收入和地位较高的职业，也包括超市、餐饮、旅游等工作性质简单、收入水平一般的行业。其中，第一类只占很小一部分，而且需要高智力和长期职业培训才能胜任工作。大部分所谓的服务业，收入反而不如过去生产线上的工人。

在 1900 年前后，美国东北部的波士顿地区居民只要有一份工作，就能在波士顿市内或者查尔斯河对岸的坎布里奇[②] 买一栋连排别

---

① 根据美国劳工部的统计，美国农业工人早已经占不到劳动力人口的 2%。

② 哈佛大学和麻省理工学院所在地。

墅。今天，那里的人需要在谷歌或者辉瑞制药公司里有一份非常好的工作，才能买得起同样水平的住房。在20世纪60年代，通用汽车公司一家就造就了近百万个中产阶层家庭。今天，全球市值最大的公司是苹果公司或者微软公司（它们的市值常常交替上升），2018—2019年，它们的市值都曾经超过1万亿美元，创造出来的财富超出当年通用汽车公司一个数量级还多，这两家公司仅账面上的现金总和就超过4 000亿美元。但是，微软和苹果公司在全球分别只雇用了14.8万和13.7万名员工而已（2019年）。[①] 市值和这两家公司类似的谷歌公司，雇用的员工更少。今天，进入谷歌公司要比被哈佛大学录取难得多，哈佛大学的本科录取率超过5%，而谷歌的还不到千分之二。也就是说，受益于苹果或者谷歌这类公司的人，远比20世纪50年代普通汽车厂装配工人的数量少很多。当然可能有人会讲，拿苹果这样的IT公司和通用汽车这样的制造业企业对比不公平，那我们就直接对比制造型企业。今天世界上最大的制造企业当属富士康了。2011年，当人工智能刚刚起步时，富士康的董事会主席郭台铭先生讲，要用100万台机器人取代人工，当时富士康的工人数量正好100万。随后的两年，机器人增加的数量并没有想象得那么快，富士康还在招收工人，于是有人觉得很多精密加工还需要人。但是，到2015年情况就改变了，富士康明确表示要在5年内用机器人取代30%的人工，并且在2016年就裁掉了6万名工人。随后，机器取代人的速度更快，

① 来自数据统计资源网站statista.com的数据。

在 2018 年 6 月的年会上，郭台铭先生说，将来要用机器人取代 80% 的人工。

那么大量淘汰下来的劳动力怎么办？新毕业的学生如何就业？答案是：要么去从事一份工资足够低的服务性工作，要么没有工作靠领取救济过活。因此在过去半个世纪里引领了信息革命大潮的美国，国民的中位数收入并没有提高。图 9–7 是互联网时代美国有大学学历的在职人员中位数工资变化的趋势图。上方的红线是有 5 年以上工作经验的员工的工资变化情况，下方的蓝线是刚毕业入职员工的工资变化。可以看出总体趋势是不升反降，这验证了前面介绍的盖洛普调查的结果。

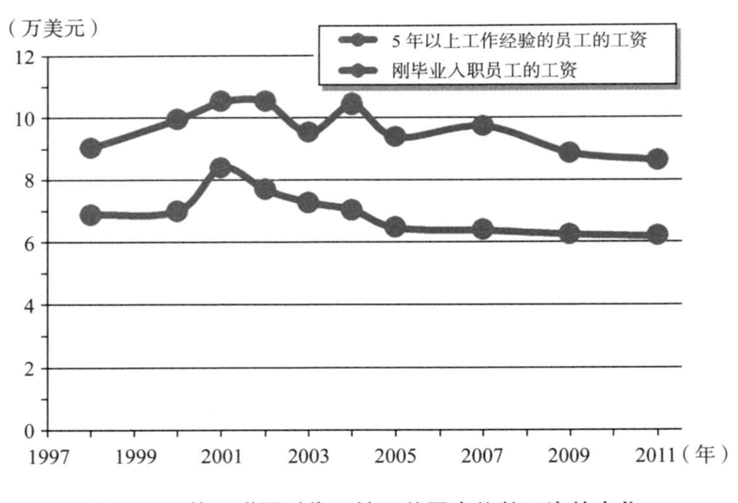

图 9–7　从互联网时代开始，美国中位数工资的变化

在智能时代，一定会有一小部分人参与智能机器的研发和制造，这是所谓的新行业，但是这只会占到劳动力的很小一部分。虽然很多乐观主义者认为，将来一定会有新的行业适合人们工作，但是这需要时间——长达半个世纪。然而智能革命并不打算给人类等待的时间，它已经到来，接下来大家不得不考虑社会问题怎么解决。

一种简单粗暴的想法是对富人征税，或者对大企业征税。但历史证明，这种劫富济贫的做法从长远来看是阻碍经济发展的。很多经济学著作也详细分析了其中的原因，其中最有代表性的是美国经济学家阿瑟·拉弗在20世纪70年代提出的以他的名字命名的拉弗曲线（Laffer curve），即当税率在一定限度以下时，提高税率能增加政府税收收入，但超过这一限度时，再提高税率反而导致政府税收收入减少。拉弗的理论很容易理解，当税率达到100%时，一分钱的税也收不上来，因为不会有人去创造财富了。类似地，当税率过高时，实际上等于鼓励懒惰，当全社会都不去创造财富而只考虑再分配时，经济就开始衰退了。事实上，富人的钱财除了小部分用于个人消费并购买了一些不动产外，[①]剩下的钱并没有放在保险柜里，而是又投入了再生产。过高的税收意味着投入再生产的钱减少了。其实，只要理性地思考，而不是感情冲动地仇富，就不难理解这个道理，但是依然有越来越多的人主张“均贫富”，这是因为他们看不到自己能够富裕的希望。

① 美国高净值家庭放在不动产上的财富一般不超过5%。

反思占领华尔街运动

2010 年，美国爆发了所谓的占领华尔街运动。一大群无业游民、个别的低收入者和左翼人士聚集到纽约街头，打着反对 2% 的人的旗号，表演了一场滑稽戏，并且持续了好几个月。之所以说它是滑稽戏，是因为这场运动不仅没有明确的目标，参与者不知道反对谁、反对什么、要求什么，也不知道自己的诉求是什么。而纽约的市民照样工作生活，只当他们不存在，因此这场闹剧最后自行收场了。从图 9–8 里可以看出，这群人中没有一个营养不良的，因为他们实际上是在被他们所反对的 2% 的人养活着。2016 年，美国收入在前 2% 的人虽然收入占了总收入的 1/4，却贡献了美国近一半（46%）的联邦税收，而收入在后 50% 的人几乎没有纳税。[①] 可以说，美国在二次分配上已经拉平了一些贫富差距。如果没有占领华尔街的人所反对的这 2% 的人，美国早就成了三流国家，甚至混得比希腊还要惨。

占领华尔街运动没有得到主流民众的同情，因为大家认为他们是不劳而获的寄生虫。更具讽刺意味的是，就在占领华尔街期间，名义上代表美国中下层的左翼民主党输掉了 2010 年的中期选举[②]。事实上，并没有什么主流的政客关心他们，大部分政客只是忽悠他们以换取选票，这部分人的问题一直得不到解决。

---

① 数据来源：美国国家税务局（IRS）。

② 美国在 4 年总统任期之中偶数的年份，需要重新选举全部的众议员、1/3 左右的参议员和部分州的州长，这个选举被称为中期选举。

图 9–8　占领华尔街的闹剧

其实社会公平只能反映在机会平等上，而不是结果的公平。由于个人在智力上的差异、努力程度的差异，以及在运气上的差异是不争的事实，只要假以时日让每个人自由发展，经济上的差距必然存在。即使通过劫富济贫的方法在一时间抹平这种差异，很快差距又会拉开。在农耕文明时代，拉开差距的时间会比较长，而进入工业时代后，技术越进步，拉开差距的时间越短，差距被拉得越大。因此又有一种新的观点出现了，就是人为地限制智能技术的发展，让经济发展得慢一点，似乎这样便可以保证社会公平。

不过，占领华尔街运动还是引起了美国社会的反思，毕竟要给这些低收入或者无收入的人一条出路。但是出路又在哪里呢？通过福利和救济将他们养起来，显然是不够的，因为他们的人生前景依然灰暗。2016 年，美国总统候选人特朗普替这些人说出了他们的希望——体面的工作。特朗普讲了一个巴尔的摩下层人的故事，那个人从小到大生活在社会底层，在监狱进进出出很多次，有一次，实在活不下去了，又想去抢一家药品杂货店。但是，经过一番思想斗争后，他干脆跑到警察局把他可怕的想法告诉警察。让他吃惊的是，那位警官掏出了自己并不多的钱给了他，还帮他租了一间房子住，这让他非常感动，也让他决定做一个对社会有用的人。可是接下来，这位年轻人还是找不到工作，因此他的困难虽然暂时得到了缓解，问题却依然没有解决。特朗普是想通过这个故事说明工作对现代人的重要性。这位年轻人显然还有良知，也愿意通过工作养活自己，如果有了工作，他可能完全可以走向新生。但是在信息时代，适合这位年轻人的工作越来越少。到了智能革命之后，任何简单动脑的工作可能都要消失，甚至那些现在从事所谓高大上职业的人也会失去工作。

这一次由机器智能带来的革命，对社会的冲击将是全方位的，我们依赖的那些所谓需要智力的工作也在消失。即使有新的行业出现，由于机器智能的影响，它们所需要的就业人数相比过去的老行业也会少很多。在智能革命全面到来的时候，不可能像过去那样，把农业人口变成城市人口，把第一、第二产业变成第三产业这么简单。

针对 2010 年的占领华尔街运动，以及 2015 年底以来法国、德国和比利时外来移民不断滋事的状况，大家在思考一个根本性的问题：这些不满情绪的根源在哪里？这不能简单地归结为贫富悬殊，或者宗教纷争，其根源在于，很多人被社会进步抛弃了。随着技术革命的发展，并非每一个人的发展机会都越来越多，反而可能是越来越少。2019年，中信出版集团请我给《简斯维尔》一书作序，这本书描绘了美国铁锈地带[①]的简斯维尔小城在过去的支柱产业——汽车和派克笔制造式微之后，当地人努力向上，积极转型，却又毫无希望的现实。简斯维尔这样的小城在全世界有很多，它们是产业和社会变迁的受害者。

谁能有好办法解决技术革命对社会所带来的冲击呢？坦率地讲，谁也没有。在简斯维尔，从政府到企业、到个人都想尽了办法，却还是无能为力。因此，我们不得不在观念上接受这样一个事实，即越来越多的事情人类将做不过机器，而我们今后所有的决定都应该根据这个前提来做。只有面对现实，才能最终建设一个让所有积极向上的人都具有成就感和幸福感的社会。

虽然不知道如何在短期内创造出能消化几十亿劳动力的产业，但是我们很清楚如何让自己在智能革命中受益，而不是被抛弃。这个答案很简单，就是争当2%的人，而不是自豪地宣称自己是98%的人。

争当2%的人

每当我谈到机器智能对人类社会的冲击时，总是有人要问：未来的时代是人的时代还是机器的时代？我们是否会被机器控制？我的回

① 铁锈地带（rust belt），指美国从东北部到五大湖地区传统工业衰退的地带。

答是：未来依然是人的时代，我们不会被机器控制，机器在完成任务时甚至不知道自己在做什么。比如谷歌的 AlphaGo，其实并不知道自己是在下棋。但是，制造智能机器的人就不同了，他们可能只占人口的不到 2% 甚至更少，却在某种程度上控制着世界。

这个说法不是危言耸听，实际上今天已经发生了。大家不妨想想自己每天有多少时间挂在微信上、看今日头条推送的新闻或者在玩抖音，有多少商品是从淘宝或者京东购买的，有多少次出行是靠滴滴打车。这些公司每改变一点产品形态，亿万用户的生活就被它们左右了。更重要的是，这些公司完全掌握了我们衣食住行的生活细节，它们可能比我们更了解自己。既然做到了对我们如此精确的把控，他们挣我们的钱便是不言而喻的事情。在销售商品的时代，我们认为越便宜越合算；到了提供服务的时代，我们发现忽然有了很多免费的服务，并为此欢呼，但是不久会发现，看似免费的东西才是最贵的，因为我们在获得这些服务的同时交出了自己的自由。

我并非要表达这些控制着我们、占不到人口 2% 的人要做坏事，事实上，到目前为止，他们对我们的帮助比带来的危害要大得多。我想说的是，他们的成功其实给予我们一个启示，那就是，如果我们不可避免地要被那 2% 的人通过大数据和机器智能控制，与其抱怨，不如干脆加入他们的行列。如果你已经身在其中，那么恭喜你；如果还不在，那么应该加入进去。讲到这里，我想大家可能会有一个疑问，那就是“我们怎样才能加入他们的行列”。我想说的不是每个人都要到上述公司去找工作，而是希望大家接受一个新的思维方式——利用好大数据和机器智能。回顾从工业革命开始的前三次重大技术革命，首先受益的是和那些产业相关的人、善于利用新技术的人。虽然并非每一个人都能够去开发大数据和机器智能产品，但是应用这些技术远不像想象中的那么难。

我有一位在生意上还算成功的学员，在全国各地开了几百家茶叶店。这个行业有一个特点，就是利润高，但是每天的交易量小，平均每家店每天只有几单生意。这位学员多少有点苦恼，因为如果要想把生意做得更大，就需要多建店面，但是店面太多他也管不过来。2015年，在我们讨论他如何转型时，我问了他几个问题：

- 每家店每天都有多少人进门来转一转？又有多少人完成了茶叶购买？
- 这些客人是谁？他们什么时候来到店里？什么时候更可能达成交易？
- 如果有些客人是回头客，他们是谁？如果客人买了一次不再回来，又是为什么？
- 常客每年消费掉多少茶叶？每个人经常消费的是哪种茶叶？价位在哪个档次？
- 店面外每天的人流情况如何？

这些问题，除了每天有多少人达成交易他知道外，剩下的一无所知。我建议他在茶叶店门口装一个传感器，请人做一个手机App，并且通过给予一些优惠券的形式鼓励到访的顾客安装，就能准确地了解上述信息，包括其中每一个细节。接下来，他就可以找人分析一下如何改进他的生意、如何做推广等。当然，更彻底的改变是利用所获得的大数据信息找到那些经常买茶叶的人，和他们建立起长期的供货关系，这样不仅能有比较稳定的收入，而且还能因为流通渠道成本的降低而提高利润率。其实美国的小型葡萄酒庄早已尝试这种做法几年了，这些特色葡萄酒庄已经不再依赖批发商和零售店这样的销售渠道，而主要是通过互联网向客户直销。

在这之后我不清楚他是否采用了跟踪技术和智能技术，但是在这几年里走得比我想得远的创新企业层出不穷。比如，位于武汉的一家公司为购物中心和专卖店提供了类似的服务，通过对消费者手机的识别和跟踪，以及对消费者购物行为的分析，他们帮助商厦提高了大约 10%~15% 的销售额。通常在零售行业，只要能长期做到单位营业面积的销售额比竞争对手高 10%，竞争的优势就能得以确立。

无论是电器制造还是零售业，都是历史悠久的传统行业，它们距离大数据和机器智能其实远比从业者们想象的要近得多。如果说有距离，可能心理上和观念上的距离比技术上和商业上的要远得多。

大企业未必靠得住

2016 年这本书的第一版出版之后，我过去在谷歌和腾讯的一些同事很兴奋地和我讲，他们又赶上了一个好时代。我对他们讲，先别高兴得太早，每次技术革命最需要担心的反而是大企业自己。因为如果没有技术革命，这些大企业会沿着上一次的浪潮继续前进，而技术革命到来之后，过去的市场优势反而会被削弱。

果不其然，就连发明了 AlphaGo 的谷歌在随后几年的表现也非常平庸。当然我说谷歌平庸，有些人不赞同，因为他们其实是在拿谷歌和中国的初创企业做对比，这相当于在拿巴塞罗那足球队和中甲的球队对比，毫无意义。如果要做对比，就需要让橘子和橘子去比，让巴塞罗那队和皇家马德里或者利物浦队去比，让谷歌和同量级的公司去比。图 9–9 是从 AlphaGo 战胜柯洁之后截至 2019 年 7 月世界市值最大的 5 家企业——微软、苹果、亚马逊、谷歌和 Facebook——股价的变化对比图。它们都是高科技企业，都在大力研发和使用人工智能技术，彼此具有可比性。

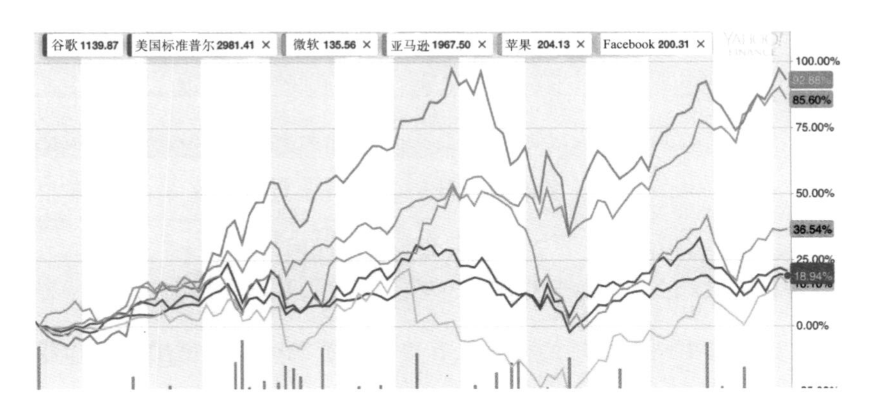

图 9–9　微软、苹果、亚马逊、谷歌和 Facebook 股价的变化同标准普尔 500 指数的对比

图中上方的红色和蓝色曲线代表亚马逊和微软，中间褐色的代表苹果。下面三根几乎交汇到一个点的是标准普尔 500、谷歌和 Facebook。你可以看到，谷歌的表现不过是美国股市的平均水平，在 5 家企业之中名列倒数第二。当然，股价并不完全反映企业的情况，但是它反映出利润的增长幅度，更重要的是，用真金白银投票的基金的意见，总比用口水投票的“键盘侠”靠得住。谷歌这些年表现平庸的原因我在《浪潮之巅》中已经详细分析了，这里不再赘述。我们要说明的是，即使技术上强如谷歌，尚且不能保证靠得住，更何况那些技术和市场能力都是二流的企业。

至于腾讯，如果把它的曲线画出来会更难看，事实上从 2018 年开始，它长期以来主要收入来源的业务——网络游戏，不仅没有增长反而开始下降。对一个大企业来讲，主营业务出现问题是很糟糕的征兆，虽然问题可能来自产业本身的变迁而非企业管理不善，但对企业来讲总不是好消息。至于有人辩驳说它在新的产业，比如云计算中能够再现辉煌，这只是假设而已。事实上，对于一家年收入 3 000 多亿元的企业来讲，努力了多年的云计算收入占比只有区区 3%，任何投资人都不会觉得这对一家大公司会有多少正向的影响。

当然，无论是谷歌还是腾讯，依然都是具有竞争力的大公司，它们比竞争对手站在更好的位置，有更多的资源（特别是用户量和数据），在智能时代获得更快的发展是理所应当的事情。但是如果想靠吃老本就能够在未来继续领先，那是毫无可能的。也就是说，今天它们需要从头做起，和一些创业公司站到同一条起跑线上。这些巨无霸公司尚且需要兢兢业业地做事情，其他公司就更必须抛弃靠炒概念发家的幻想了。

历史上，从来不缺乏在临死前或者在被并购前，还占据某个市场最大份额的企业，柯达便是如此，EMC（易安信）也是一样，雅虎在被收购前在很多垂直领域依然是市场第一。在历次技术革命中，一个人、一家企业，甚至一个国家，可以选择的道路只有两条：要么进入前 2% 的行列，要么被淘汰，抱怨是没有用的。至于当下怎么才能成为这 2%，其实很简单，就是投身智能革命的浪潮。

在每一个重大的技术革命开始的时候，真正勇敢地投身到技术革命大潮中的人毕竟是少数，受益者更少，大部分人则会犹豫和观望。在智能革命到来之际，每一个人也有两个选择，要么加入这一次浪潮中，要么观望、徘徊或者抱怨，最后被淘汰。当然，大多数人的观望、犹豫和徘徊给了 2% 的人以机会，使愿意吃螃蟹的人在奋斗的道路上少了很多竞争对手。正是因为知道自己不加入进来就会被淘汰，马斯克和盖茨一方面对机器智能的发展非常担心，另一方面却选择投身机器智能的大潮中。

本章小结

大数据导致机器革命的到来，对未来社会的影响不仅存在于经济领域，而是全方位的。尽管总体上这些影响是正面的，从长远看会使我们未来的社会变得更好；不过，和以往的技术革命一样，智能革命也会带来很多负面的影响，特别是在它发展的初期，而这些影响可能会持续很久。

任何一次技术革命，最初受益的都是发展它、使用它的人，而远离它、拒绝接受它的人，在很长的时间里都将是迷茫的一代。在智能革命到来之际，每个人和每家企业无疑应该拥抱它，让自己成为那2% 的受益者；而国家则需要未雨绸缪，争取不要像过去那样每一次重大的技术革命都伴随半个多世纪的动荡。

我们还没有经历过机器在智能上全面超越人类的时代，我们需要在这样的环境里学会生存。这将是一个让我们振奋的时代，也是一个给我们带来空前挑战的时代。

篇结束语

未来的社会一定会受益于智能革命的各种成就，因此我们即将进入一个新的时代，也就是我们书名所说的“智能时代”。在这个新的时代，每一个人都会在一定程度上享受到技术进步所带来的成就。比如在 20 世纪 80 年代大家遥不可及的手机，今天成为每一个人的标配。从这个角度讲，未来的社会将是人类历史上最好的社会，财富剧增，物质生活丰富，寿命延长，同时生活方便，社会安全。

但是另一方面，不论我们自己是否从事和人工智能或者大数据相关的行业，都会因为人工智能社会的重塑而受到影响。绝大部分产业都会有不同程度的改变，很多会以新的形态出现，少数会消失，但不论是哪一种，原有的职业技能和工作经验可能都派不上用场了。这样的结果必将是少数掌握新技术的人直接受益，而其他人将不得不面对严酷的挑战。

智能化的普及还将产生一些人类过去不曾面对的挑战，比如在大量使用个人数据的同时保护个人的隐私。这些问题我们都无法回避，而解决它们除了需要在法律层面进行规范，更需要在技术上有新的突破。目前，我们依然处在智能社会的初级阶段，有很多事情要做。最后我们用阿兰·图灵的一句话结束全书：

我们仅能前瞻不远，却有很多事情要做。

（We can only see a short distance ahead, but we can see plenty there that needs to be done.）

——阿兰·图灵

参考文献

第一章　一切从数据开始

［1］吴军 . 文明之光［M］. 北京：人民邮电出版社，2015.

［2］吴军 . 数学之美［M］. 北京：人民邮电出版社，2015.

［3］Jeremy Ginsberg, Matthew H. Mohebbi，Rajan S. Patel, Lynnette Brammer, Mark S. Smolinski and Larry Brilliant, Detecting Influenza Epidemics Using Search Engine Query Data, *Nature* Vol 457, 19 February 2009.

［4］S.Knobler, A.Mack, A.Mahmoud, et al. (eds.).*The Threat of Pandemic Influenza: Are We Ready? Workshop Summary*（*2005*）. Washington, D.C.: The National Academies Press. pp. 60–61.

［5］Paul Lavrakas, Michael Traugott and Peter Miller, *Presidential Polls and the News Media*, Westview Press, 1995.

第二章　大数据和机器智能

［1］吴军 . 文明之光（第三册）［M］. 北京：人民邮电出版社，2015.

[2] Marvin Minsky, *Semantic Information Processing*, MIT Press, 1969.
[3] Peter Brown et al, A Statistical Approach to Machine Translation, *Computational Linguistics,* vol 16, No. 2, 1990.
[4] Frederick Jelinek, The Dawn of Statistical ASR and MT, *Computational Linguistics* 35 (4): 483–494, 2009.
[5] Stuart Russell and Peter Norvig, Artificial Intelligence: A Modern Approach, *Pearson*, 2009.

第三章　深度学习与摩尔定律

[1] Quoc V. Le, Marc' Aurelio Ranzato, Rajat Monga, Matthieu Devin, Kai Chen, Greg S. Corrado, Jeff Dean, Andrew Y. Ng, Building High-level Features Using Large Scale Unsupervised Learning, Proceedings of the 29th International Conference on Machine Learning, Edinburgh, Scotland, UK, 2012.
[2] Yann LeCun, Yoshua Bengio, Geoffrey Hinton, Deep Learning, *Nature* vol 521, p.436–444, 28 May 2015.

第四章　思维的革命

[1] 托马斯 · M. 科弗，乔伊 · A. 托马斯 . 信息论基础 [M] . 阮吉寿，张华，译 . 北京：机械工业出版社，2008.
[2] 牛顿 . 自然哲学之数学原理 [M] . 王克迪，译 . 北京：北京大学出版社，2006.

[3] 欧几里得 . 几何原本 [M]. 兰纪正，朱恩宽，译 . 北京：译林出版社，2014.

[4] 埃里克·施密特，乔纳森·罗森伯格，艾伦·伊格尔 . 重新定义公司 [M]. 靳婷婷，译 . 北京：中信出版社，2015.

[5] Carrick Mollenkamp, Jeffrey Rothfeder, *The People Vs. Big Tobacco*, Bloomberg Press, 1998.

[6] Angus Maddison, The World Economy, OECD, 2007.

[7] Arieh Ben-Naim, *Information, Entropy, Life and the Universe*, World Scientific Publishing Co., 2015.

第五章　大数据思维与商业

[1] Andrew Guthrie Ferguson, Big Data and Predictive Reasonable Suspicion, http://scholarship.law.upenn.edu/cgi/viewcontent.cgi?article=9464&context=penn_law_review.

[2] Civil Rights: Big Data and Our Algorithmic Future, https://bigdata.fairness.io/wp-content/uploads/2014/11/Civil_Rights_Big_Data_and_Our_Algorithmic-Future_v1.1.pdf.

[3] 维克托·迈尔 – 舍恩伯格，肯尼思·库克耶 . 大数据时代：生活、工作与思维的大变革 [M]. 周涛，等，译 . 杭州：浙江人民出版社，2012.

[4] Foster Provost, Tom Fawcett, *Data Science for Business,* O'Reilly Media, 2013.

[5] Gavin Weightman, *The Industrial Revolutionaries*, Grove Press, 2010.

第六章　技术的挑战

[1] Fay Chang, et al, Bigtable: A Distributed Storage System for Structured Data, OSDI 2006, research.google.com/archive/bigtable-osdi06.pdf.

[2] 吴军 . 数学之美［M］. 北京：人民邮电出版社，2015.

[3] John R. Vacca, *Computer and Information Security Handbook*, Morgan Kaufmann, 2013.

第七章　迈向超级智能

[1] 3GPP 5G 标 准，Release 15, April 26, 2019, https://www.3gpp.org/release-15.

[2] 3GPP 5G 标准，Release 16, October 2, 2019, https://www.3gpp.org/release-15.

[3] 欧盟普通数据保护规范（EU GDPR），2018，https://eugdpr.org/the-regulation/.

[4] Morgen E. Peck，Bitcoin: The Cryptoanarchists' Answer to Cash，IEEE Spectrum, June 2012.

第八章　未来智能化产业

[1] Ben Hoyle, Geeks use data to win at basketball, *Times*, April 12. 2016 ,

http://www.thetimes.co.uk/tto/sport/us-sport/article4731209.ece.

[2] Big Data Meets Basketball, http://bigdata-madesimple.com/ big-data-meets-basketball-golden-state-warriors-up-their-game/.

[3] JHU Engineering Magazine，2014 Winter，Surgical. Precisionhttp://eng.jhu. edu/wse/magazine-winter-14/print/surgical-precision.

[4] 伊里·莫里斯 . 西方将主宰多久［M］. 钱峰，译 . 北京：中信出版社，2011.

[5] An Altman Weil Flash Survey, Law Firms in Transition, Altman Weil Flash, 2015.

[6] 吴军 . 文明之光（第三册）［M］. 北京：人民邮电出版社，2015.

[7] 埃克里·马林诺夫斯基 . 勇士王朝：硅谷和科技缔造的伟大球队［M］虎扑翻译团，译 . 北京：文化发展出版社，2019.

第九章　未来的社会

[1] Surgical Precision, *JHU Engineering Magazine*, 2014 Winter, http://eng. jhu.edu/wse/magazine-winter-14/print/surgical-precision.

[2] 道格拉斯·布林克利 . 福特传［M］. 乔江涛，译 . 北京：中信出版社，2016.

[3] Sally Mitchell, *Daily Life in Victorian England,* Greenwood, 2008.

[4] Melanie Swan, *Blockchain: Blueprint for a New Economy*, O’Reilly Media, 2015.

[5] Curry, C. Piecing Together the Dark Legacy of East Germany's Secret Police, *Wired,* 2008.

[6] Big Data and Differential Pricing,2015. https://www.whitehouse.gov/sites/default/files/docs/Big_Data_Report_Nonembargo_v2.pdf.